松弛感

[马来西亚] 胡渐彪·著

中信出版集团│北京

图书在版编目（CIP）数据

松弛感 /（马来）胡渐彪著 . -- 北京：中信出版社，
2023.4（2023.6重印）
　ISBN 978-7-5217-5465-0

　Ⅰ.①松… Ⅱ.①胡… Ⅲ.①成功心理－通俗读物
Ⅳ.① B848.4-49

　中国国家版本馆CIP数据核字(2023)第036369号

松弛感
著者：　　　[马来西亚]胡渐彪
出版发行：中信出版集团股份有限公司
　　　　　（北京市朝阳区东三环北路27号嘉铭中心　邮编　100020）
承印者：　宝蕾元仁浩（天津）印刷有限公司

开本：880mm×1230mm 1/32　印张：7.5　　字数：111千字
版次：2023年4月第1版　　　　印次：2023年6月第4次印刷
书号：ISBN 978-7-5217-5465-0
定价：59.00元

版权所有·侵权必究
如有印刷、装订问题，本公司负责调换。
服务热线：400-600-8099
投稿邮箱：author@citicpub.com

CONTENTS 目录

前言 松弛有度，才能走得更远　　　　　　　　　v

第一章
松弛感是面对世界的底气
- 最好的生活状态是松弛　　　　　　　　005
- "状态"源于三种评价的交互作用　　　　011
- 松弛感是可以被掌控的　　　　　　　　018

第二章
看得透：看得明白，心里有底
- 认知力：开启解读世界的"四只眼睛"　　029
- 本质之眼：看懂内核，有章法地做事　　　032
- 因果之眼：寻找前因，推演后果　　　　　037
- 框架之眼：用结构化思维向下拆解　　　　046
- 定位之眼：看清系统中的人、事、物　　　054
- 审视判断：审美、功利和价值　　　　　　062

第三章
有办法：游刃有余应对一切难题

- 让你焦虑的究竟是困扰还是问题　　　　075
- 扩大你的投入产出比　　　　　　　　　085
- 改变思考方向，绕过眼前问题　　　　　096
- 找到高效的团队协作模式　　　　　　　106

第四章
有时间：让事情跟着自己的节奏走

- 时间不够用的本质　　　　　　　　　　119
- 掌控时感：猜时间　　　　　　　　　　128
- 掌控任务：要事优先　　　　　　　　　137
- 掌控节奏：多频迭代工作法　　　　　　147

第五章
有精力：解决电力虚耗，保持饱满状态

- 一个人的精力从哪里来？ 161
- 脑力：保持专注，减少消耗 169
- 心力：最大限度保持情绪动力 178
- 体力：稳定生活的节奏 189

第六章
能喜欢：找到人生的趣味感和意义感

- 喜欢，需要被加工创造 203
- 认清自我，发现热爱 207
- 实现自洽，收获松弛 212
- 职场就是生活 223

前 言

松弛有度，才能走得更远

你好，我是胡渐彪。

我既是一个教授思辨与表达的讲师，也是一名企业家教练，同时还是一家创业公司的老板。很多时候，我都会收到各式各样来自学员、老板和员工的提问，而这两年，我收到最多的一类就是关于如何应对"内卷"的提问：

- "办公室太卷了，大家都在加班，我到底是要一起加班还是到点就离开呢？"
- "隔壁家的孩子周末都去上兴趣班了，我要不要也给自己家的孩子报一个呢？"
- "竞争对手的产品每天都在升级迭代，我们要不要也扩大规模，追上它们的迭代速度呢？"

类似的问题还有很多，我自己也在网上看了很多人的想法，有的朋友认为，"没办法，我们还是得'卷'进去，因为这是在竞争，别人都做了，而你不做，那你肯定落后于人、缺乏优势，进而在竞争中落败"。

当然，还有一部分朋友异军突起，摇起"躺平"和"摆烂"的大旗，他们向这个社会宣告，自己不再参与这种剧烈的、你死我活的、无法喘息的社会竞争，他们拒绝"996"，拒绝买车买房，到点就下班，成为这个"内卷"时代的另类风景。

但我认为，不论是"内卷"还是"躺平"，都是两种极端的、偷懒的声音，它们并不能真正地帮助我们走出时代的困局。

我的答案是，保持松弛。

看到这个答案，可能会有朋友问，"松弛"和"躺平"有什么不一样吗？别着急，相信大家或多或少都看过《奇葩说》，也对辩论有所了解，而我恰好是一名辩手，也是《奇葩说》的幕后教练，所以我就拿辩论这件事情来给大家做类比。如果把工作类比成辩论，那竭尽全力地构思出齐备的论点、打磨好严谨的攻防、准备好动人的故事、安排好崇高的价值——按照一套辩论"八股"走完全流程,就是"内卷";反之,像蛋总(李诞)那样,不在乎输赢、不拼尽全力的状态,就是"躺平"。

那在辩论中,除了"内卷"和"躺平"两种极端以外,有没有第三种玩法呢?还真的有,那就是熊浩老师特别喜欢玩的——上道具,玩行为艺术。在不久前的新国辩(国际华语辩论邀请赛)上,熊浩在哲理辩的舞台上,持反方答一道"决定相伴一生的伴侣,要不要一起打上永远爱对方的思想钢印"的辩题。他没有展现出传统辩论里那种伶牙俐齿的厮杀,也没有展现《奇葩说》里那种感天动地的表达,他给在场的每个观众发了一颗荔枝,自己化身说书人,讲述了"一骑红尘妃子笑,无人知是荔枝来"的故事,借此告诉大家:第一,没有什么永恒,盛唐和荔枝都会消散;第二,你眼中的恒久不变的爱,其实就像这运输荔枝的过程一般,背后都是难以衡量的巨额成本。最后,他举着荔枝说:"这钢印般恒久的爱,不过只是一枚长安的荔枝。"

这段陈词给了我非常大的启发,原来辩论还可以这么玩,还可以上道具,还可以把辩论场变成一个说书大会。

你说,他"内卷"吗?肯定不是,他这段辩论完全脱离了辩论原有的玩法,另辟蹊径。你说,他"躺平"吗?肯定也不是,躺平的人可想不出也讲不出这么精彩的陈词。在我看来,这就是松弛——我想继续玩,但不一定按照原来的标准玩,而且我还能玩得很好,这就是松弛。

工作中也一样,我不躺,继续竞争,但我也不卷,不在一条赛道拼得你死我活,我直接换一条赛道,甚至开辟出一条新的赛道。这看上去更难,但实际上可能更松弛。

大家有没有在高铁站或者飞机场看到在过安检的时候,大家都挤在一个安检口,排了一条长长的队伍,殊不知如果他们把目光稍微挪一下,就会发现隔壁的安检口只有寥寥几人。再看看地铁站里的扶梯,所有人都在扶梯道上排队,而且一脸不耐烦,但就是没有人挪步去走隔壁那条空无一人的楼梯通道。

我想说,松弛这件事就像走楼梯一样,看上去好像很费力,但所有人都在扶梯这条路上"内卷"时,走楼梯反而是更舒服、更简单的选择。

我们不必逼着自己在原有的标准里登峰造极,也不必在同一条标准下死磕，我们只要有复合的优势，做到差异化竞争，其实也能舒舒服服地拔得头筹。我有一个学员，她是目前抖音和小红书的情感博主，也算是赛道的头部了，可是她从来不像其他知识博主一样天天直播、天天卖课，她每周只播三天，其他时间都在吃喝玩乐，非常松弛。当我们问她，为什么能这么轻松的时候，她回答："因为我非常清楚自己的核心价值，同时拥有多年的舞台经验和社交经验，除此之外我还有极好的口才。能同时拥有这三个优势的博主，在情感赛道里真的是少之又少。有表达能力的不一定有社交经验，有社交经验的可能没上过舞台，上过舞台的可能嘴巴又不利索，所以我不需要死磕啊。"你发现了吗？当你拥有的是复合优势时，当你横跨多条赛道、拥有多重技能时，你的优势就会被无限放大，成为一个松弛而成功的人。

所以，无须"内卷"，也不必"躺平"，保持松弛就好。

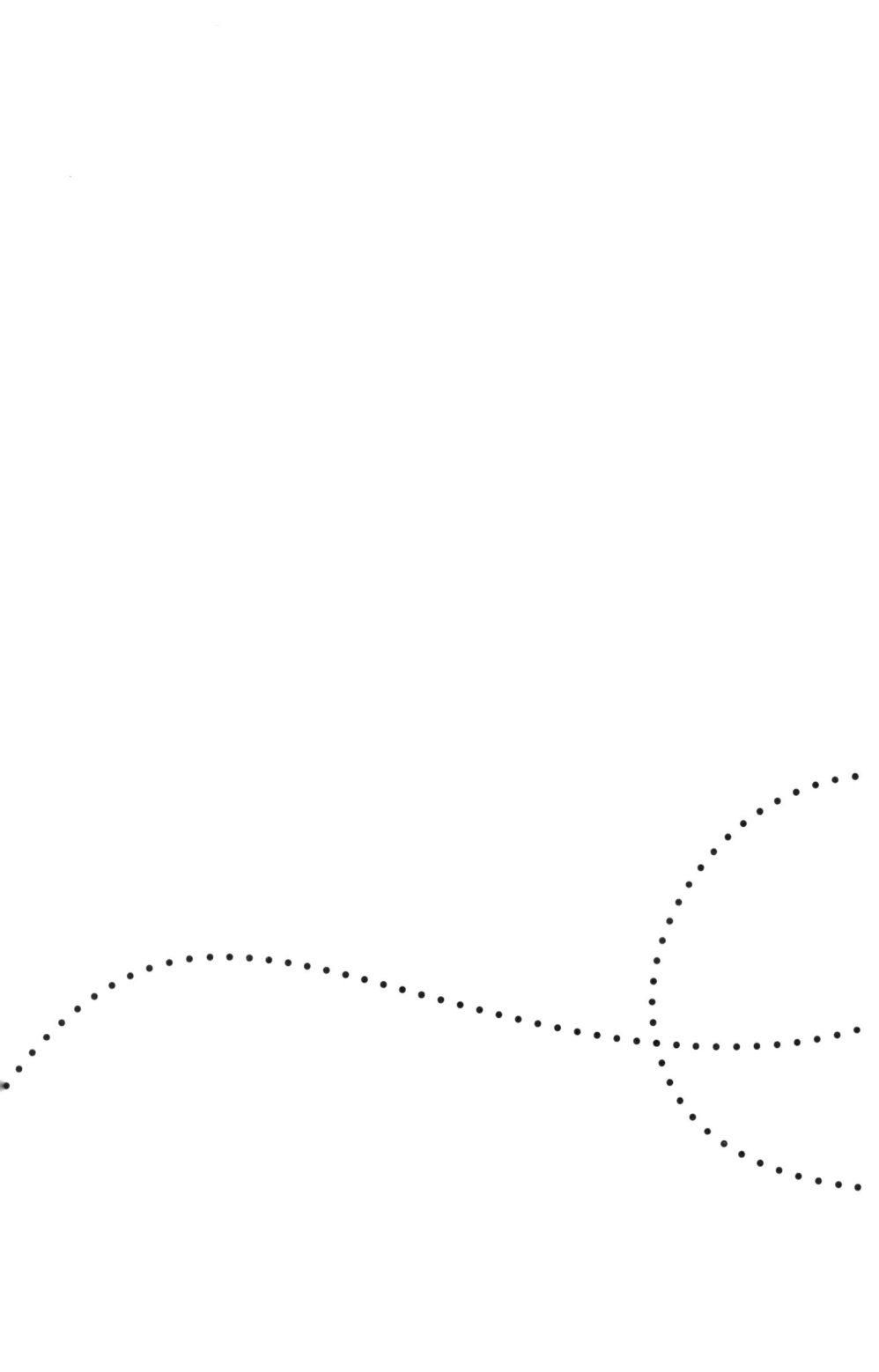

第一章

松弛感是面对世界的底气

我不知道你在打开这本书的时候，对本书内容有什么样的期待，但我很担心你因为"松弛感"这三个字，而预期本书会给你纯粹的"心灵按摩"。你不能预期这本书会给你提供各种开解之词，让你在阅读后感觉心情特别美好，从而就此挥别困扰和焦虑感。

我觉得，要获得长期的松弛感并不是态度问题，更不是感觉问题，而是能力问题。一个人的生活状态是可以通过能力和办法来自我掌控的。所以我更愿意把这本书定位为实操书。我期待能够通过提供可操作的方法，让松弛感成为可被掌控的生活状态。

我完全能够想象，你可能在阅读的时候想：我是来这里获得松弛感的，为什么还要再学习这一套套的方法？这不是在增加我的学习压力吗？

我会尽量让本书的行文更加好读、好懂、好用，也会尽量提供学习成本更低的方法论，但我真没办法让你不费功夫地就能摆脱焦虑、获得松弛感。因为我们的焦虑源自实实在在的各种生活状况，所以我们自然不可能通过一念之间或简单的几个动作就从此摆脱焦虑。这么说虽然可能会不讨喜，但这确实是我的真实想法。

最好的生活状态是松弛

这是一个焦虑和压力感膨胀的时代。无论是学习考研、职场打拼、结婚买房、带娃养老，还是哪个人生阶段、什么人生背景，似乎都能找到焦虑的理由。

但有没有可能这只是我们自寻烦恼？当然有可能，但是我看到的数据是：

- 中国经常失眠人群已高达 30% 以上，撑起了千亿级助眠产品市场；
- 《自然》杂志调查显示，中国 40% 的博士生因焦虑或抑郁而寻求帮助；

- 根据《中国国民心理健康发展报告（2021-2022）》的调查数据，中国国民抑郁风险检出率为10.6%，焦虑风险检出率为15.8%，年龄和收入影响是首要原因。

这些有焦虑困扰的人以中青年为多。他们是学生、是父母、是夫妻、是打工人……这个时代，似乎职场生活、家庭生活、亲子生活、感情生活都可能给我们带来焦虑。

为什么焦虑在今天弥漫盛行？我认为主要来自两点：

第一，竞争白热化。企业普遍相信"先占地，再挣钱"，它们生怕市场地盘被占据，铆足了劲拼速度、拼规模。打工人扎堆涌进一线城市和热门行业。家长在为孩子的教育资源竞争，如果不是"双减"政策，教育成本在交互竞争下只会越来越高；即便是"双减"政策落实了，家长带娃学习的时间成本也没有明显降低的迹象，更不用说高考、考研、考公的竞争压力了。

这股竞争白热化的浪潮在职场更是"高发区"，几乎人人都感受到"内卷"的压力。我们把生活中大部分的时间和精力都一点一点当成了筹码，然后投入职场竞争。

但财富的增长速度却远不如时间和精力成本的增长来得快。我们又不得不继续跟进加码，结果职场竞争黑洞，一点一点吞噬了本属于个人家庭生活和兴趣生活的时间与精力。没有任何人能在生活严重失衡且越来越紧张的状态下过得安然恬适。

第二，每个人想追求的目标变得越来越多，也越来越高。互联网扩大了我们的眼界，也让我们有了更多的欲望。社交媒体中各种"炫晒秀"越来越普及，不但让我们心生艳羡，还让我们深感"我本该活得如此"。

从一方面看，这确实给了我们向梦想冲刺的动力，但从另一方面看，漫长的"求而未得"形成了更多的压力与患得患失的情绪。

当你选择翻开这本书，我想，你可能也正处于生活的焦虑中，希望能获得一份"松弛感"。但我所主张的松弛状态，可能和你想象中的松弛状态不一样。

一说到松弛感或者疏解焦虑，很多人想到的做法是：想办法让自己变得"不在意"，说服自己不要那么在意竞争，说服自己要减少欲望。其中最极端的说法，就是呼吁以"躺平"来对抗"内卷"。稍微中庸一点的说法则是呼吁"简单生活",试图让自己相信自己的追求都是"不必要的妄念":何必追求那么多的物质生活,有必要吗?有什么必要给孩子争取好学校,值得吗?何苦要追求升职,让自己承受那么辛苦的管理压力?当个轻松的打工人不好吗?这些开解之词,背后大致的想法就是:这些追求都有代价,所以不要也罢;更真实的想法是:追求这一切已经让我们的身体和内心无比疲惫和焦虑,那不如就选择放弃吧。当你可以对外部竞争和自我期待选择放弃、做到不在意,那你自然就不会感到焦虑了。

可是我认为,这种"放弃"和"不在意"并非疏解焦虑的上策。原因是:第一,这是不得已而为之的选择。如非不得已,我们何必剥夺自己的真实渴求,否定我们过去的所有付出和追求。第二,我们大概率是做不到不在意的,所谓的不在意一般只是口头禅而已。我曾经见过不少呼唤"躺平"、呼唤不要被"内卷"的人,但他们没有一个是能真"躺平"的。他们多半一直处于患得患失之中:一边嚷着"我这就要不干了",一边又不情不愿地周而复始地重复着过去每一天的努力。

我也认为松弛感很重要,但我不会因为你的焦虑而让你停下竞争的脚步，或劝你"放下自己的追求"，从而让你变得清心寡欲。我不觉得放弃是缓解焦虑的唯一做法。我觉得，我们在积极追求自己想要的生活的同时，是可以免于焦虑的。换句话说，我们可以做到身体持续地往前奔跑，但精神处于足够松弛的状态。

我觉得如果你的拼搏是一场长跑，松弛感应该是最理想的精神状态。你的身体保持着稳定的速度，专注着前进的方向，但你的精神状态没有因为紧绷而焦虑，也没有被身边竞跑者的行动打乱节奏。

这样的生活状态，是存在的吗？我们真的能够做到积极竞争与追求，但同时又免于焦虑吗？在这个"内卷"的时代，这似乎是矛盾的。

我不知道你有没有见过这样的人：他们每天的工作忙碌而紧张，但你感受不到他们身上有焦虑感或疲惫感；他们在面对关键任务（比如，承担大项目的成败责任、做重要汇报）时虽然也一样会紧张、会吐槽，但你更多感受到的是他们对此的期待和兴奋感；他们也面对着生活或工作中的各种难题，但他们似乎并不觉得身陷困顿，反而把这些难题看作"有办法解决""值得一试"的挑战。

我觉得这才是最理想的松弛感。在焦虑的"内卷"和颓唐的"躺平"之间,是存在着两者优势兼得的另一种可能性的。

那么,怎样获得这种生活状态呢?

"状态"源于三种评价的交互作用

你应该真切感受过状态不好的时刻吧?总觉得干什么都不起劲,觉得疲累,生活无趣,但过了一段时间后,突然又感觉一切都对了:你觉得自己兴致勃勃,充满了动力。但事实上,周遭的环境并没有什么大改变,但你就是控制不了自己的状态。

状态,常常让人觉得它捉摸不定,给人的感觉还挺缥缈,但它给我们的感受却是真实存在的。焦虑和松弛也分别属于状态中的一种。如果我们想掌控它,获得松弛感,首先就需要搞懂:这个虚无缥缈的"状态"究竟是怎么一回事。

其实，一个人的状态是由内心的三个评价相交而成的：对所处环境的评价、对自身能力的评价和对自身行动的评价。

比如，为什么一个辩手在参与辩论赛的时候会感到焦虑？不知道对手是强是弱、不确定竞争规则、拿不准评审标准……这些属于"对所处环境的评价"；不确定自己能否胜任、不确定自己能否稳定发挥，这些是"对自身能力的评价"；认为自己正肩负关键任务，觉得自己的行动对团队的成败有决定性影响，这些就是"对自身行动的评价"。

再比如，为什么有时你会在工作中觉得很"丧"？你觉得，公司的领导无能且不讲理，这就是"对所处环境的评价"；觉得自己接下来的一年绝对没有能力完成KPI（关键绩效指标），这是"对自身能力的评价"；觉得自己每一天的工作都毫无价值，这是"对自身行动的评价"。

如果你是创业者，你有没有在某一段时间内，感觉自己工作特别在状态、感受特别好？它也源自这三个元素。比如，你认为市场中存在着某个新的机遇，这就是"对所处环境的评价"；觉得公司眼前要达成的目标恰好是自己特别擅长的,这是"对自身能力的评价";你认为自己的团队正在做着一件特别有意义的事情,这是"对自身行动的评价"。

你会发现,评价并不完全等同于事实。面对同样的环境条件、能力条件和行为举止,有的人可能会评价为良好,但有的人也可以评价为差劲,关键在于:你专注于哪部分的事实,以及你如何去解读它。评价,其实就是对事实条件赋予个人意义的一个过程。

对所处环境的评价

为什么对所处环境的评价,决定了我们是处于焦虑状态还是松弛状态?这里又包含了两类评价。

首先,是对环境好坏的评价。人人都需要依赖外在的环境条件生存,当外在条件不好时,我们自然会觉得事事都不容易,内心也会感到焦虑。相反,当觉得外在条件良好时,我们就会觉得一切都很顺手,也会感受到放松和自在。

可是我们也能明白，环境条件并不受自己的意志掌控。比如，经济环境变差、同事们排挤空降的新领导、伴侣的工作要求长期加班、家人不幸患病，这些都是我们可能无法改变的现实条件。

所幸的是，世界很大，总会有水土丰沃的地方；世界瞬息万变，总会有不同的机遇随着时间的流逝而不断闪现。环境虽然不能完全由个人意志掌控，但我们依然能通过转换赛道或者捕捉机遇来改善环境条件。关键就在于，我们有没有足够的认知能力看到这一切。

其次，是对环境能否被理解、能否被看清的评价。当我们觉得世事的发生和发展都是莫名其妙、无规律可循的，我们就会因为这种无力感而感到恐惧和焦虑。可我们如果能看懂这一切究竟为什么会发生，能看到事情的未来发展走向，哪怕最终结果依然不尽如人意，我们也能活得更心安。很多时候，我们之所以会焦虑不是因为"事情坏透了""这件事情铁定办不成"，而是因为我们"不确定它是否能成""不确定它是不是一定会变糟""不确定它是否还能变得更糟"。这种不确定性带来的患得患失，才是大部分人焦虑感的由来。同样，这依然是由我们的认知能力决定的。

对自身能力的评价

对自身能力的评价,是我们掌控感的最重要来源。即便环境条件极差,但如果我们觉得,这一切都在自己掌控范围内,我们就可以摆脱焦虑感,获得游刃有余的松弛感。

这里也包含两重不同的评价。

首先,是对能力强弱的评价。这很好理解。如果我们能看到自己的长处,且知道这个长处可以让我们游刃有余地解决所有问题,我们多半就不会感到焦虑。

这就是为什么有一技之长或者在能力上有绝对优势的人,在经济环境欠佳时一般不会产生困顿感。一个对自己教育能力有信心的妈妈,是不会因为孩子某次考试成绩欠佳而焦虑的。因为她确信,无论环境多糟,自己总能为孩子找到一条摆脱困境的出路。

其次,是对自己能力进步空间的评价。哪怕我们现在能力不足，但是在可预见的时间内，如果确信自己的能力会获得成长，我们一样也能免除这种失控的焦虑感。如果我们相信，"假以时日我就能行""我有头绪知道该从哪里做起"，那么眼前的困局不过是时间问题而已。

人的自我评价决定了我们的生活感受。在进入职场前，我们更看重自己的性格评价，但随着成长，我们的自我价值感更多来自我们对自身能力的评价。萎靡、困顿这些感受，其实都源自对自身能力的评价。

对自身行动的评价

即便我们对自己的能力评价较高，我们有时也依然会有困顿感。比如，我们觉得所做的工作、正在努力完成的事情，并非自己由衷想做的，而是被迫去做的；在长时间辅导孩子学习后，一个只看重结果的妈妈很容易就会因为孩子的某些表现欠佳而感到愤怒或烦恼。

在这些情况下，哪怕我们的能力是充足的、合格的，也依然会有身不由己的困顿感。随着时间一点一点过去，我们会觉得这种困顿感似乎是没有尽头的，焦虑感也会因此增长。

对自身行动的评价，其实就是意义感的由来。只要觉得眼前的工作是有意义的、有趣味的，哪怕因环境条件很差、自身能力不足而导致事情推进艰难，我们也依然会感觉到兴致勃勃。

对自身行动的评价，是我们每一天的动力来源。实际上，能让我们真正爱上工作的多半不是薪酬或奖金。作为打工一族，大部分人只会把薪酬当成"补偿"：这是公司欠我们的，是用来"弥补"我们的辛劳的。那些爱上自己工作的人，都源自他们内心对这份工作的意义感。

问题就在于：在今天，我们很难自主选择做什么、不做什么，所以我们需要学会，怎样从眼前的工作中找到独属于我们的意义感。

对所处环境的评价、对自身能力的评价和对自身行动的评价，这三者相互作用，决定了我们的生活和精神状态。焦虑感、松弛感、活力感、困顿感……无一不由这三种评价主宰。

松弛感是可以被掌控的

既然松弛感也源自这三种评价的相互作用,那是不是意味着只要我们不断催眠自己,让自己相信"环境其实真的很好""我能力其实真的很强""我其实真的很爱我所做的工作或任务",就可以获得松弛感了?

这个道理说起来是通的,事实上,很多人也是这样做的。有的人试图通过"夸夸群"来让自己相信"我能力很强";有的人试图转移焦点,让自己暂时逃避眼前的困境,让自己获得片刻放松。但我们总会碰上不得不面对一切的时刻。当这层善意的欺骗被揭开,我们内心所产生的焦虑只会加剧,接着发生的事情就是:我们会像瘾君子一样，渴求更多来自外界的夸赞，更用力地逃避眼前的困境。

长期的松弛感不可能通过这种自我催眠获得。要想长期拥有松弛感，要想长期免于焦虑困扰，还是要通过"拥有某种能力"才行。

从以上这三种评价中，我总结出了最相关的三项基本能力。

"看得透"的能力

正式的说法是认知与思考能力。所谓看得透，就是你能不能看得明白眼前的人、事、物。紧张和焦虑往往源自对眼前人、事、物的不理解。对眼前的局势，你能看到多广的局面、多远的未来？你看得越远，自然就越能减缓对未知的恐惧。

比如，你是否确切地知道自己所属行业有多大的发展前景？公司是否靠谱？你未来有多大机会升职？眼前的人在未来会不会是自己的理想伴侣？不管是维持现在的婚姻还是选择离开，自己还有多少人生选择？孩子除了"985""211"的赛道，还有多少其他不错的选择？这些都是我们在面对所处环境时可能产生的疑惑和茫然。如果看不到答案，我们自然会恐慌；相反，如果能看得更明白、更通透，那我们自然就能比别人更安心、更放松。

我一直认为，认知和思考能力是我们成人后面对世界时最硬核的软实力，但我们大多数人却从来没有经历过系统化的思维方法训练。学校教育侧重的是知识的吸收和知识的使用，而满腹经纶并不能帮助我们在面对陌生的、教科书上没有提及的处境时，拥有更好的认知能力和解读能力。

"有办法"的能力

也可以叫作解决问题的能力。我们每天都可能碰上困难或者之前完全没遇到过的难题。我们会因此焦虑，是因为这些困难或难题如果得不到解决，我们是可能被绊倒的。

在职场中，当我们越往上升迁越会发现，面对的挑战必然越来越大，也越来越"新鲜"。这就是为什么职位越高的人，压力往往就会变得越来越大。

生活中的焦虑也是一样的。如果在你眼中，婆媳关系是有很多方法可以改善的，带娃的同时是有办法做到兼顾事业的，即便问题未能在短期内解决，我们也会因为有信心而不会感到焦虑。

所谓的有办法，不是说要让我们成为一个"什么问题都能解决的人"，这一点儿都不现实。我说的有办法是指，无论面对任何难题，你都能拥有一套系统的方法，让你能知道该从哪里着手，而不至于在一团乱麻中徒增焦虑。

只要你能拥有解构问题的能力，找到解决问题的可能性方向，你眼中的问题就不过是"待解决的问题"，而非"无从下手的困局"。

同时，有办法还包括知道如何有效地掌握自己的时间和精力。这里的时间管理和精力管理并不是要你像机器人一样，精确地安排自己的时间和精力，把自己的每一分每一秒和精力都高效利用。在我看来，这是"反松弛"的。

真正能发挥作用的时间管理,首先需要看见自己,了解自己完成每项任务需要多少时间,合理安排各项任务的先后顺序,并且调控好整体节奏。

对现代人而言,体力上的消耗只是一小部分,疲惫感、"被掏空"的感觉更大程度源于脑力和心力的消耗,脑力、心力和体力是互相影响的。只有减少脑力和心力的消耗,才能保持饱满的状态,才能从容应对各种新情况,有效提升精力管理。

"能喜欢"的能力

也叫作赋予行动意义的能力。我们总会碰上自己不喜欢的工作或任务,甚至肩负起不愿意承担的责任和义务,我们有没有办法从中找到独属于我们自己的意义感?这就是我所谓的"能喜欢"的能力。

在这个职场分工精细的时代,喜欢的工作不是也不能靠运气得来的。就算你碰上了这样的工作,不代表你能得到;即便你真的得到了,随着时间的流逝,你会发现这份喜欢也会随着成长和环境的转换而消失。这就是为什么很多人都有过这样的感受：明明是自己很喜欢的工作，可不知什么原因突然就觉得不爱了。这往往不是因为"三分钟热度"，而是因为你成长了或者环境改变了。

随着成长，我们在生活中也会不得不承担起自己可能根本不感兴趣的义务，比如带娃。在做这类事情时，哪怕周遭环境和条件不坏，自己的能力也没问题，我们也会因为内心的抵触而放大我们遇到的每一个小困难，从而产生厌烦和焦虑感。

可有些人总能在大多数时候表现得很有热情、动力十足，这是因为，他们特别擅长为自己的职责和任务赋予意义感和趣味感。拥有了这种能力，哪怕面对的是高强度的竞争，你也不会有想要逃避或放弃的负面压力，反而，它会让你兴致盎然地去迎接新挑战。

❗ 本章重点

- 如果你的拼搏是一场长跑，松弛感应该是最理想的精神状态。你的身体保持着稳定的速度，专注着前进的方向，但你的精神状态没有因为紧绷而焦虑，也没有被身边竞跑者的行动打乱节奏。

- 对所处环境的评价、对自身能力的评价和对自身行动的评价，这三者相互作用，决定了我们的生活和精神状态。焦虑感、松弛感、活力感、困顿感……无一不由这三种评价主宰。

- 长期的松弛感不可能通过这种自我催眠获得。要想长期拥有松弛感，要想长期免于焦虑困扰，还是要通过"拥有某种能力"才行。

第二章

看得透：
看得明白，
心里有底

怎样获得松弛感？

松弛感并不来自生活的一帆风顺，很多时候，即便生活状态不错，我们也依然会感到神经紧绷和焦虑。

眼前的幸福到底是不是短暂的？对我那么好，他是不是别有用心？眼前的职业到底还有多少前景，该不该适时改道？我碰上大多感觉焦虑和神经紧绷的人，生活的质量和状态其实并不比别人差，但总架不住内心的患得患失。

这种紧张与焦虑，源于对眼前人、事、物的"看不明白"与"心里没底"。不管我们处在什么境况下，当看不明白、不理解这是怎么一回事时，我们就会觉得焦虑、茫然、慌张，面对选择时不知该如何判断，也会陷入莫名的烦恼。

松弛感源自"心里有底"。无论生活中面对什么问题，只要能看得透本质，看得清来龙去脉，看得到可能产生的好处与付出的代价，我们就能淡定面对、从容应对。

我认为，思考能力是拥有松弛感的关键。

思考能力是一个概括性很强的概念。认知能力、判断能力、决策能力、联想能力、创造能力……每一个能力都是不同的思考动作，功能也各不相同。擅长认知与解读的人，不见得善于决策；擅长联想的人，不见得在判断水平上有多高明。

因此，本章就着眼于与松弛感相关联的两项思考能力：认知能力与判断能力。认知能力越高，我们在面对各种人、事、物时就越能"看得明白"；判断能力越高，我们在面对各种不确定的选择时，就越能做到"心里有底"。

认知力：
开启解读世界的"四只眼睛"

什么是认知能力？怎么判断一个人的认知能力是高还是低？

认知能力，就是我们从眼前事物中解读出更多可能性信息的能力。问问自己：在面对同样的人、事、物时，你能不能比身边人解读出更多别人没看到的信息？如果答案是肯定的，那你的认知能力也许就比一般人更高。

比如，今天同事在午饭闲聊时跟你嘀咕了一句："我特别讨厌那些说一套做一套的人。"这么简单的一句话，你能从中解读出多少信息？

很多人也许只看到了一句话："我同事说，他很讨厌说一套做一套的人。"可事实上，这句话的后边还隐藏着大量的可能性信息。比如：

- 他曾经被这样的人伤害过，而且吃的亏还不轻；
- 他最近才经历过这样的伤害，所以印象很深；
- 他在职场中，大概率会对自己的承诺更敏感、更重视；
- 他应该不是那种在社交场合上随口承诺、敷衍了事的人；
- 与他交好的朋友中，应该不会有这种油滑的人；
- 他在做决策的时候，应该是个相对慎重的人……

每个人的一言一行，多半都是这个人的个性、经历、愿景、信仰等的外溢现象，而每件事情的发生，多半都由大量不同的前因聚合而成。所以我们经历的每一个"现在"，都可以被认知、解读出大量的可能性信息。

认知到这些信息有什么好处？最起码的好处是：你不会轻易地觉得，这个人、这个世界是莫名其妙的；更大的好处是，你能不慌，你会知道接下来该怎样与之相处才更为妥当。

比如案例中的那位同事，在你听到那句话之后，你应该知道，接下来如果和他有更多的工作交集，你怎样和他对接会比较好；你也会知道，你表现出怎样的工作风格和态度会被他接受或喜爱。

在处事上也是一样的。无论是面对喜讯还是噩耗，如果你能看得到这件事的由来与后续，能看得透本质，能解构其构成的核心元素，能看得到它与大局之间的关联，你的反应与决策就能更精准、更周全。

这种用意识解读出更多肉眼看不见却有可能为真的信息的能力，就是所谓的认知能力。要想提高认知能力，首先就得理解：对人、事、物有"周全"的认知包含了几个部分。

我归纳出了认知的四个角度。用一个比较形象的类比，我把它们叫作认知的"四只眼睛"：本质之眼、因果之眼、框架之眼、定位之眼。无论面对什么人、事、物，如果你其中有一只眼是闭着的，那你对它的认知可能就不够周全。

本质之眼：
看懂内核，有章法地做事

"要看到事情的本质"，这句话我们经常看见或听到，它隐含着这样一个前提：没看到某个行为、事物背后的本质，就意味着你没有把它们"看透了"。

什么是本质？我们假定某个事物的存在（为什么出现）、形态（为什么以这个样貌出现）或运动（为什么会有这样的演变），是由某个"种子般的内核"造成的。任何行为或事物，都可以挖掘出其本质。

那我们在认识行为或事物的时候，为什么需要去挖掘其本质呢？因为我们需要理解得更清楚透彻，还需要判断出这个行为或事物在接下来会有什么样的改变和什么样的动作，好让我们知道接下来该怎么办。

举个例子，如果我问你，什么是部门冲突，或者部门冲突的本质是什么，很多人一看到这个问题，再想想自己的职场经历，可能就会给出以下答案：部门冲突要么是因为沟通不足，要么就是因为员工不专业，把情绪带到工作中而产生的问题。

假如你也这样认为，那么你看到的可能只是问题的表面现象，而不是问题的本质。我听过一个很精彩的说法：部门冲突的本质其实是"KPI的命中注定"。公司必然是什么都想要的：既要省钱又要挣钱，既要效率又要安全，既要精致又要省心……当公司把这些追求分拆成各个部门KPI的时候，部门之间必然就暗藏了冲突的种子。

财务部管着开支，它会要求品牌部的宣传、推广和投放尽可能省钱；品牌部管着公司的形象和口碑，在投放时当然就会尽可能要求制作得足够高级。在运作中，财务部一定会反复挑战品牌部"为什么偏偏要选这么贵的"，下意识地认为品牌部花钱大手大脚，不当家不知柴米贵；反过来，品牌部也会嫌弃财务部"只为省钱而损害公司的品牌形象"。几乎在每一家公司，管花钱和管省钱的人都出现过关系紧张的情况。

同样的冲突模型还会出现在其他部门，比如，证券行业的销售部和管理风险的财法部，负责开发的后台程序员与管理前台的产品经理……部门之间的冲突，往往不是因为态度够不够专业，而是在KPI制度下自然诞生的。

看到部门冲突的不同本质，会对我们造成什么样的行动影响呢？

如果你是上司。假设在你眼中，部门冲突的本质是沟通不足，是情绪问题，你会怎么做？大概率你会想办法设计出更多更好的沟通方式，比如增加会议次数；要求变更标准化的电子邮件格式，以避免信息误差；在年底组织一场公司团建，期待通过"真心对话"环节来消弭人和人之间的情绪问题……

可是，如果在你眼中，部门冲突的本质是"KPI的命中注定"，那你必然不会把部门冲突看作亟待消灭的问题。你不会追求零冲突，因为你知道，如果财法部和销售部在日常运作中完全不冲突，你反倒要担心了。因为部门间适当的冲突，反映了各个部门在自己的KPI上都有更积极的态度。这时你会选择的应对方式也许就是管控冲突，即怎样让冲突不影响公司整体运作，设计什么样的流程制度（比如上司介入事件）才能让冲突被合理遏制。

这就是"本质之眼"给我们带来的好处。它能帮助我们更好地解读现状，进而有章法地做出回应。

能否看到本质，决定了你是不是一个入了门的行家。想想你现在的工作岗位，你能说得出，你所在岗位职责的本质是什么吗？

我曾经给一家国际餐饮品牌公司提供企业培训，当时参与培训的是各个不同产品端的销售主管。我问："你们觉得销售的本质是什么？"当时有两位销售主管给出了完全不一样的答案。

第一位说："销售的本质，就是想办法让客户愿意为了同类产品出更高的价格。"第二位说："销售的本质就是当'红娘'，也就是通过自己的服务，让客户和公司都觉得每次的交易自己都赚到了、都觉得满意。"

这两位销售主管对销售本质的看法哪个是正确的呢？

我觉得无所谓正确不正确，只要他们能说得出自己所看到的本质，就说明他们对自己的工作岗位不但有深度的洞察，而且对工作的管理也一定有自己的章法。

比如说聘用新员工。第一位在遴选新员工时，他大概会比较重视成交能力和说服能力；第二位更看重的也许是长期服务的态度了。我们也可以看得出，第一位主管会更愿意花费时间在开拓新客户上，而第二位主管可能更愿意投入时间，把老客户的交易量做大。

只要你对自己的岗位有本质上的看法，就意味着你对这份工作入门了、有洞察了，更意味着你做事是有章法的。有意识地使用本质之眼，能让我们快速成长为一个有看法的行家。

因果之眼：
寻找前因，推演后果

为什么要睁开"因果之眼"？因为我们要看到一个行为事物是怎么出现的，以及接下来会怎么演变。

实际上，探究事物发展的因果是最接近人类天性的一种认知能力。早在原始时代，人类就已经打开自己的因果之眼了。比如，人们发现天空打雷、下雨时，开始会感觉恐惧，但同时也会不由自主地思考：为什么会出现这些现象呢？为了解释这些现象，人们还想象出各种各样的情境来。而对于事情未来发展的样子，人们也发明了一套方法，就是占卜，通过占卜来推演事情的发展走向。

由此也可以看出，所谓的因果之眼其实只有两个动作：一个是思考为什么事情会是现在的样子；另一个是思考事情接下来将会怎样。我们之所以要思考这些问题，是为了解决一个最核心的痛点，就是接下来我们该怎么办。只有弄清了事情的前因后果，我们才能找到解决问题的最佳方法，也才能更加从容地面对未来。

接下来，我们就分别看一下要如何寻找前因，如何推演结果。

全面准确地寻找前因，避免陷入误区

当遇到问题时，我相信很多人的第一反应都是"它为什么会发生"，而要找到问题的原因，一般需要两个步骤：一是挑前事，二是找关联。

所谓挑前事，就是面对一件已经发生的事情时，我们要回顾一下它是怎么发生的，或者说在这件事发生之前都陆续发生了哪些其他事情。

所谓找关联，则是从之前发生的事情中寻找最有可能导致现在这件事发生的因素。

做好以上两步,就相当于对眼前发生的事情进行了有效复盘,并且总结了经验教训,继而再做决策时,才有可能更加准确地避开风险,增加成功概率。

但是,挑前事、找关联并不是件容易的事,很多时候我们会陷入误区,其中最常见的误区包括以下五种。

第一种是在挑前事时挑选错误,很多挑出来的原因与事情并没有实际关联。比如以前女性生产时,因感染问题而出现较高的死亡率,但当时人们没有足够的医学知识,不知道感染是造成死亡率较高的原因之一,于是就找出各种荒唐的理由来解释这个问题。这就属于挑错前事。这种情况在实际生活中很常见。

第二种是所挑前事不充足。任何事情的发生都可能是多因一果的,比如在公司里,老板发现最近迟到的员工越来越多,这时老板在归因时就可能出现挑前事不充足的情况,比如单纯地认为是员工上班态度不积极。事实上,员工突然迟到的原因是多种多样的,态度问题可能只是其中一个,也可能是加班太晚导致员工太累,或者中层管理者没有做好管理角色,或者近期的交通问题,等等，这些都可能导致员工迟到。所以，认知不够全面，只用一因一果来解释问题，就忽略很多其他的关键性因素。

第三种是偏离了根本原因。事情的发展通常可能有两种原因：一种是内归因，即我们自身的原因导致的结果；另一种是外归因，也就是由外部影响所造成的结果。人们往往有这样一个习惯：当自己成功做成一件事时，大概率喜欢内归因，失败了则容易进行外归因。相反，如果看到别人做成一件事时，大概率会对其进行外归因；看到别人失败时，喜欢对其进行内归因。这样的归因就很不准确，容易偏离导致事情发生的根本原因。

第四种是找关联动作时容易因果倒置。比如，有些音乐学校在打广告时会说"学音乐的孩子不会变坏"，学音乐真的是让孩子不会变坏的根本原因吗？并不见得，事实上很多本来就很好的孩子也可能选择学习音乐，而不是因为学了音乐孩子才会变好。这种挑前事、找关联的方式就犯了因果倒置的错误。

第五种是找关联时过度创造。很多时候，人们习惯于对一些突发事件进行常规化归因，比如有人看到飞机失事事件后,就认为红眼航班很危险,容易失事,其实并没有相关数据证明红眼航班的失事率更高。它只是其中的可能成因,是突发原因,却未必是常规原因。这种将突发原因当成常规原因来解释问题的做法,总结出来的经验也容易偏离实际。

以上就是我们在遇到问题挑前事、找关联时容易犯的错误。一旦犯了类似错误或者陷入其中的误区,就难以为问题的出现找到有针对性的原因,解决起来也会更加迷茫。

以确定性和不确定性分析推演未来

在我们精细地挑前事、找关联,弄清事情发生的根本原因之后,接下来的重要一步就是推测事情发展的后果,看看事情接下来将有怎样的走向。实际上,"推未来"要比"看前因"困难得多,因为看前因时有很多事实可依,我们可以把既往发生的案例当成"抓手",来推演事件与前因的逻辑关系,而推未来只能依据现在的事实,必须依据自己的认知能力和因果之眼去揣度未来可能会发生什么。

但是，善于推未来却非常重要。如果你想很好地掌控人生，就要善于看到更远的未来，为可预见的事情做出长远的布局和决策，而不是事情来了匆忙应对，让自己陷入紧张、慌乱之中。

推未来也有一套方法，我把它总结为两点，分别为确定性分析和不确定性分析。简单来说，我们要从确定性分析中明确预期，从不确定性分析中把握变量。

在做确定性分析时，我们首先要罗列出自己的独特优势或价值，这些可以帮你在未来获得更多的机会，拥有更多的主动权。

接下来，我们还要学会"看大盘"，也就是看清自己所在公司或行业未来的走势。这里主要关注两点：一是要看清你所在公司和行业未来几年内的增长情况，并且要拿到实际的数据；二是要看清你所在行业的趋势变化。看清这两点后，将其一一罗列出来，再将其生成为如下表格（见图2-1）：

1. 你的优势和价值：
   a._____
   b._____
   c._____

2. 公司和行业的走势：
   a.增长：_____
   b.趋势：_____

```
正常情况下：___年后，你可能_____
a._____ Y O N
b._____ Y O N
c._____ Y O N
```

图 2-1　学会看清公司和行业的"大盘"

在这个表格内，你还要确定自己是在"正常情况下"对未来进行推演，也就是不改变现在的发展方向，且没有其他意外情况发生，然后对自己未来的几年进行推测。有些行业能够推测的时间比较长，比如体制内的行业，大概率可以看到 5 年甚至 10 年；有些行业可能只能看到一两年，比如快速发展的互联网行业等。但通过前面所列举的优势和价值可知，优势越明显越有价值，你能看到的未来也越长远。

我以自己为例，来对确定性分析进行复盘。

首先，我要列举出自己的优势和价值，比如，在思辨和表达类课程中，我有很强的研发和生产能力，且课程水准较高；我在线上、线下都可以授课，具有较好的资历和能力；在现在的教师行列中，我有一定口碑和知名度；等等。这些都是我的优势和价值。

其次，分析我所在公司和行业的发展趋势，我可以列举出三点：第一，通过调查，我预见未来一两年内，成人教培行业会保持持续增长状态；第二，成人教培行业越来越线上化，三、四线城市也越发重视成人教培，这可以使我们向三、四线城市拓展自己的业务；第三，我所在的公司具有很明确、很强烈的开拓新市场和新客户的意愿。

通过以上分析，我就可以预见自己的未来发展：在不改变行业的情况下，两年之后，我很可能会开发出更多的新课程，成为多门课程的讲师。

这就是我对自己的确定性分析，在确定性中明确预期，看清自己的未来走向。

不确定性分析是指你知道某些事情会发生，但当下又不知道它具体什么时候发生。进行不确定性分析，目的就是为可能发生的事情做好应急方案或替代方案，以便事情真的发生时，我们可以从容不迫地应对，而不至于手忙脚乱，让事情变得更糟。

人在很多时候都必须学会因时而变，这也是我们面对不可预测的未来的一种必备生存能力。因此，我们每个人都有必要提升自己的认知能力，利用因果之眼做好提前布局，为自己赢得更多的人生主导权。能够做到这一点，我们在面对人生时才不会因为任何人、任何事而打乱自己的节奏，从而按照自己的计划一步步完成目标，让自己的生活多一份从容、多一份松弛，少一些焦虑、少一些不知所措。

不急不慢，不慌不忙，便是自己最好的状态。

框架之眼：
用结构化思维向下拆解

开启"框架之眼",就是解构眼前所见的行为与事物。比如,如果我问你:"什么是生活?"很多人可能这样回答:"生活,就是我们活着时所度过的时间。"

这是一个概念式的答案,但如果你开启的是"框架之眼",你就会试图把生活这个概念拆解成不同的组成部件。比如,生活,就是精神生活与物质生活的总和,这就是按照性质差异拆解出来的生活的两个组成部件。再比如,生活,就是为了延续生命和创造价值,这是从功能的角度拆解出来的答案。又比如,生活,就是职场生活、家庭生活、志趣生活的总和,这就是从日常时间花费的板块来拆解生活的概念。你的框架之眼越强大，就能够对同样的行为与事物拆解出越多不同的组合形态。

为什么我们需要有框架之眼？

在面对陌生事物或问题时拥有更强的理解力

回顾一下历史就会发现，人类的很多学科智慧都始于拆分框架。古希腊时，人们想要了解世界上的物质组成，就把物质分为土、气、水、火四种元素，认为就是这四种元素组成了人类的物质世界。虽然我们今天知道这种分法不科学，但在古代，人们面对混沌的世界完全不知从何入手，而拆解出一个个框架，就可以分别去研究、理解和突破。

同样，今天的所有学科之所以能成为学科，也是因为有人将其一一解构，再对其进行深入研究，得出各种各样的结论，我们才得以学习和掌握各种知识。可以说，利用框架之眼，将问题或事物拆解后来理解，可以让我们拥有更强的理解能力，同时也能找到更多、更有针对性的解决方法。

我曾经与"昆仑决"创始人姜华先生有过交流,姜总还和我分享了他的成长与创业经历。姜总出身于农村,但他凭借自己的体育成绩走出了小山村,成为省城里的体校生。毕业后,他陆续当过健身教练、司机、业务员等,还开过广告公司。后来广告公司越做越大,他毅然退出,决心利用自己的能力为那些学体育的孩子谋一条更好的出路,于是创立了"昆仑决"。

在和姜总交流的过程中,我就很好奇地问他,他所做的很多事情几乎都没有背景、没有经验,完全属于陌生的业务,他是怎么突破这些业务并做得那么成功的。

姜总告诉我:"其实,你只需要把自己要做的事情拆解明白,就没有什么是做不到的。"比如要开设一家广告公司,首先要弄清什么是广告。别人愿意跟你合作,无非就是因为你的服务好、创意好和人品好。弄清这三点后,再分别对这三点进行拆解:怎样才算服务好？怎样才算创意好？怎样才能体现出人品好？依次类推，将问题一个个拆解，一个个寻找解决方案。当你把这些拆解出来的问题解决后，再对其进行汇总，整个问题不就解决了吗？

这个案例让我印象非常深刻，同时也让我更加坚信，善于利用框架之眼，就是利用自己的认知提高对陌生问题的理解能力，寻找问题的有效解法。这也是框架之眼最重要的优势之一。

拆解问题框架，实现高效沟通

在生活和工作中，我们经常需要与人沟通、讨论问题、制订方案等。在这些时候你会发现，有的人说话很有条理，让你听完后马上就知道对方想要表达什么，而有的人说话却毫无逻辑，听完后让人一头雾水，完全无法有效沟通。可见，在沟通时能否条理清晰地呈现出自己的观点，最终将直接决定别人能否理解你的观点或方案，以及是否愿意继续与你进行下一步的交流与合作。

我当初从马来西亚前往珠海国际赛车场应聘副总时，与集团老总进行了一个小时的沟通。在应聘之前我很清楚，我需要利用有限的时间向对方表明我是称职的。为此，我从两个方面设计了自己应聘时的结构框架：一个是对副总职能进行框架拆分，另一个是解构对方的疑惑。经过分析，我认为对方可能会对我有三个方面的疑惑：认知方面、能力方面和品性方面。在认知方面，对方应该需要我有对赛车行业的准确认识，还要有对董事局履职的认识；在能力方面，对方应该需要我有全新市场的开拓能力，还要有管理公司的能力；在品性方面，对方应该需要我有一定的专业度，还要有一定的可信赖度。

在正式面试时，我就围绕这两个大框架和三个小框架向对方介绍自己，而对方也正是围绕这些与我进行了详细沟通，最终我成功拿到了集团的聘书。

所以，如果自己拆解的问题框架成为双方沟通的主要思路，你就拥有了沟通的主动权，也就更容易拿到自己想要的结果。

更好地理解和解构自己的职业或岗位

大多数情况下，框架之眼可以帮助我们更好地理解和解构自己的职业或岗位，并且在解构时，还能通过以下三个不同的框架来深化自己对职业或岗位的理解。

第一个框架叫流程框架，就是你能否按照自己工作的规律，将工作划分出几个不同的流程。

假如你正在筹办一个活动，你可以将整个筹办过程分为筹备期、执行期和复盘期。接下来，你还可以再对不同阶段的工作进行拆分，比如在筹备期，需要进行方案确认、物料制作、人员邀请等；在执行期，需要进行现场布置、人员调动、进度控制等；在复盘期，需要进行数据对比、流程优化、内容迭代等。

这一套拆分下来，你就明确理解了自己的工作核心是什么。接下来，你就可以进行更好的资源分配，比如在一些重要节点上投入更多的时间和精力，在不那么重要的问题上适当减少精力投入等。同时，你还可以充分做好失误排查，降低错误率或失误率的出现，确保工作高效完成。

第二个框架叫职能框架，意思是你的职业是由几种不同的专业能力板块组合而成的。

以培训教练这个职业为例。一个优秀的培训教练不但要具备一定的专业性，做好自己的课程设计、授课安排等，有效地辅导学员进行训练，还要具备一定的服务性，即可以为学员提供积极的情绪价值，让学员通过学习不但能提升自己的专业技能，还能获得愉悦的心情。因此，想成为优秀的培训教练，也需要通过拆分自己职业的职能框架，不断提升自己的授课能力。

第三个框架叫评估框架，它需要我们站在客户视角来拆分框架，以此评价自己的工作成果。这样做的好处一方面可以洞悉客户的真实需求，实现精准交付，另一方面可以随时进行战略调整，让自己的工作更加轻松、更加高效。

框架之眼最大的优势就是让我们在生活和工作中学会向下不断拆解问题，通过思考，一步步寻找问题的核心，继而找到最有针对性的解决方案。同时，在拆解问题的过程中，我们也能不断发现自己的长处和短板，知道自己的优势在哪里、机会在哪里，也知道自己需要在哪些地方继续提升。如果用一句话来总结，框架之眼就是让我们看到自己现有的劣势和优势，同时也获得自己前进的方向与动力。如果可以做到这一点，你对生活、对工作的焦虑感和困惑感就会逐渐减少，松弛感也会不请自来。

定位之眼：
看清系统中的人、事、物

说起定位，我们一般会认为是确定方位或者确定企业战略等，而"定位之眼"，说的其实是我们周围所有的人、事、物可能处于层层叠叠的系统当中，我们要通过认知去发现这些人、事、物在系统中具有什么样的功能或关系，从而看到更加立体的人、事、物。如果要用一句话来总结，那就是：凡所见之木，皆生于林中。我们所看到的一切都不是孤单单的"木"，而是有着规律的林中之"木"。

那么，拥有定位之眼对我们有哪些具体的好处呢？

完善评价维度，让我们更懂得取舍

我们都知道麻雀不是一种益鸟，以前我们国家开展"除四害"运动，"四害"之一就是麻雀，因为麻雀会吃掉庄稼。尤其在粮食稀缺的年代，麻雀的这一害处就更明显了。

但是后来发现，麻雀被大量捕杀后，庄稼的虫灾开始变得严重起来。因为在整个生态系统中，麻雀不但会吃粮食，还会捕食害虫。在这种情况下，再捕杀麻雀就可能导致生态系统的失衡。

我们身边可能会有一些不太讨喜的同事，从利弊角度来说，他们让我们深受困扰，情绪不爽；从道德角度来说，我们觉得这些同事性格不好，不讲文明礼貌。所以，我们希望他们离开公司，甚至直接被公司开除。但是，如果开启定位之眼，我们可能会发现，这些同事的专业能力很强，大家有解决不了的专业问题，他们往往很快就能搞定。这又让我们觉得，他们离开公司好像是一大损失。

很多时候，我们在对一件事或一个问题进行取舍时，会习惯性地从两个维度来着手，一个是肉眼可见的利益或弊害，另一个就是以个人的价值观或道德标准来判断。实际上，我们每个人都生活在一个极其复杂的系统中，以表面的利弊或道德标准来判断很不科学，甚至会让我们做出错误的取舍，给自己的生活和工作带来麻烦和困扰。对一个长期运转的系统来说，它是高于利弊或道德维度之上的一种存在。只有当我们开启定位之眼，以较高的认知和完善的评价维度来看待系统中的问题时，才会明白事情并不完全像我们表面看到的那样，因而也不会轻易以眼前所见的利弊或个人道德标准来做出取舍。

帮助我们塑造属于自己的独特价值

每个人都生活在一套系统中，每个人在系统中也都有属于自己的定位和角色。在这个复杂的系统中，我们要怎样找好自己的定位，扮演好自己的角色，才能既让每件事情顺利完成，又不会让自己陷入焦虑、紧张甚至崩溃的状态之中呢？我想这应该是很多人都会思考的问题。

在我看来，想实现这个目标，我们就要塑造自己的独特价值，使自己在系统中占据不可或缺的位置，或者成为不可替代的人才。关于这一点，很多人有个误区，认为自己只要能力足够强，就能成为不可替代的人才，实际上并非如此。

举个例子，健身房里有很多教练，有的教练明明技术水平一般，可是却十分吃得开，老板也很器重他，而有的教练技术水平很高，培训能力也很强，但业绩却不及技术水平一般的教练。为什么会这样？原因就在于技术水平一般的教练拥有自己的独特价值，比如他口才很好，善于调动学员的健身积极性，因而深得学员的喜欢。放在整个系统当中，这样的教练即使技术水平差一些，公司也很需要他。

所以，能力的价值并不取决于能力本身，而是取决于系统对你的需要程度，这才是你的独特价值和真正的不可替代性。

那么，我们要怎样经营自己，才能让自己越来越具有不可替代的重要性呢？我认为你可以从下面两点来进行思考和梳理。

第一，开启定位之眼，问自己一个问题：我做好不断提升自己的准备了吗？

在任何一个系统中，你想要进步，就必须确保自己能够卡在系统中的某个特定功能上。任何一个健全的系统都是由多个人共同构建的，他们分别占据着系统枢纽的不同部分，推动着系统的稳步前进。比如，一个公司分别有董事长、总裁、总经理，以及下面各部门的领导等，不同职位上的人有着不同的职责和功能。从整体上来看，公司的领导能力不是集中在某个人身上，而是大家共同努力的结果。所以，想在公司内获得提升，你就要开启自己的定位之眼，弄清楚自己是否具有超出平均水平的专业能力，是否擅长细化分工并把握业务进度，是否擅长从公司战略角度去思考问题，等等。明确这些问题之后，你才能有效地减少工作内耗，专注于自己的方向，保持自己的节奏，按照计划一点点地完成目标。

第二，开启定位之眼，帮助你顺应事态的变化。

我们要先确认一点，每一件事情、每一个组织在发展过程中都会经历不同的阶段，有时会缓慢发展，有时会进展迅速，而不同的发展阶段所需要的人的能力也是不同的。定位之眼的重要性就在于不管外界环境如何变化，你都能够抢先洞察到整个系统当前所面临的挑战是什么，其中的功能配比产生了怎样的变化，然后让自己顺应事态或组织的发展，提升自己的认知能力，塑造自己的独特价值。也就是说，我们要善于用动态的眼光看问题，随时跟上事态的变化和发展，这样在真正面对问题时，才会处理得更加游刃有余，而不会让自己被紧张和焦虑裹挟。

充分发挥自己的"补位"价值

很多时候，你可能会面临这样的境况：你所在系统中的某个特定功能已经饱和了，你想继续深入该系统，却发现没有自己的位置。这时，我们就容易感到着急、焦虑与不甘心，甚至想要硬挤入该系统。

其实大可不必。如果你是个具有定位之眼的人，现在要做的应该是积极寻找自己的优势，在系统中找到自己既可以独立承担又能填补系统空缺的位置。比如，你原本想在公司里从事管理工作，但现在管理职位上的人数已经饱和了，你再去竞争不但胜算不大，还可能给自己带来更多烦恼。这时，你应该去寻找自己的其他优势，比如你具备某方面的专业技能，那么就可以主动承担公司专业技能方面的工作，并且在这个职位上努力塑造自己的不可替代性价值。

还有些人刚刚接触某件事，或者刚刚进入一个系统，可能觉得没办法开启定位之眼，做到不可替代。事实也并非如此。哪怕你是系统中最普通的一个执行者，也依然可以找到自己的不可替代性。

著名主持人马东老师曾和我分享了一个小故事：

> 央视每年都会招聘一批实习生，实习结束后，央视会根据实习生的表现决定他们是否被录用。当时央视新闻部有很多录像带，这些录像带被放在一个专门的储存室中，每次播放新闻时，如果这个新闻没有对应的采访画面，电视台就要从这些备用录像带中找出与新闻内容相关的录像带，在主播播放新闻内容时，就在屏幕上播放这些录像带里的内容。
>
> 由于储存室内的录像带太多，又很乱，所以播放新闻时经常会出现无法及时找到对应录像带的问

题。后来有个实习生发现了这一点,就利用工作间隙把每一盘录像带都拿出来看了一遍,然后根据里面的内容在录像带上做好标签,再把录像带一一排列好,甚至还做了一本目录。这样一来,大家想找哪盘录像带,只要问他,他马上就能找到,结果他成了央视新闻部里找录像带最快的人。实习期结束后,他顺理成章地入职了央视。

从这个案例可以看出,哪怕你是一个复杂系统中最平凡的一员,也完全可以寻找到系统中不完整的地方,然后努力让自己成为那个主动调节系统不完整的人,这就是你的机会。做好这些,你就能成为系统中不可替代的那个人。

总之,开启定位之眼,摆脱你眼前的"一亩三分地",你的目光就可以看得更高、更远,认知能力也会不断提升,由此也可以发现更多、更好的机会,由你尽情地去发挥自己的优势和特长。当带着这份从容去面对不同的系统和组织时,你就不再纠结于当下的不顺,而是专注地投入自己真正该做的事情。这时你会发现,一切都开始变得顺利起来。

审视判断：
审美、功利和价值

想要在如今这个信息爆炸、快节奏的竞争环境下获得生活主动权，让自己保持松弛的状态，就必须具备清晰的思考能力和准确的判断能力。因为与聪明、努力等相比，思路清晰、判断准确，才更容易让人做出正确的抉择，专注于自己的真正需求。否则，"方向不对，努力白费"，即使你付出巨大的心血也难以实现目标，甚至还会让自己陷入焦虑、灰心与失望之中。

做出任何一项决策，其实都要经历认知、判断和决策三个步骤。其中，认知就是开启本质、因果、框架和定位"四只眼睛"，看到许多人看不到的信息。但是，这些信息还不足以形成我们做决策的重要考量，我们还要从中挑选一些出来，将其放在一个重要位置上，并且赋予它们某些独特的含义，这个过程就是判断。我们的脑海中只有形成足够多的重要判断，才可能依据这些判断做出最后的决策。

从这个过程中可以看到，所谓的判断，就是将我们所认知到的信息进行选择性聚焦，再对其进行加工，最后为这些聚焦后的信息赋予额外意义的过程。

很多时候，我们在面对人、事、物时，脑海中总会不知不觉地产生一些判断，有些是经过理性思考后做出的判断，而更多的则是源于大脑中对这些人、事、物固有的印象所产生的判断。这些判断往往是不够客观的。当我们无法谨慎、客观地面对这些人、事、物时，就容易做出一些不够周全或以后回想起来会后悔的决策，这时，我们就会被懊恼、悔恨、焦虑等消极情绪包围，难以让自己放松下来。

要避免这种情况的出现，我们可以尝试一下下面的方法。

判断的四种类型

在进行判断时,我们通常要从以下四个方面进行:事实判断、审美判断、价值判断和功利判断。事实判断就是看清你所看到的事实,比如一台计算机、一个杯子等;审美判断是指你看到一个人或一个事物后,自然而然产生的情绪和感受,比如你喜欢某个人、你讨厌某样东西;价值判断是指我们对人、事、物所做出的道德和价值属性的判断,比如你认为某个人很善良、某个东西很有价值、某件事做得很好等;功利判断则是指某件事可以为我们带来哪些好的或不好的结果。

这四种判断类型基本上可以影响我们所有的日常行为决策,如果你在面对这几个方面的判断时都能保持清晰、冷静的心态,那么你一定是个情绪稳定、内心笃定的人,对人生、对生活也一定拥有自己的步伐。就算一切没有按照预期发展,你也不至于自乱阵脚。只可惜,大多数人都很难冷静地面对人生中的各种判断和决策,因而也常常感觉生活过得很拧巴,不够放松,不够舒展。

审视自己的判断能力

怎样打破拧巴的生活状态呢?

我在这里介绍一个模型,它叫作"决策的垂吊之灯"。它其实是由四种判断类型所形成的一套思维结构,运用这套模型来判断和决策时,通常可以让你的大脑更加清晰和理智。

这个模型就像一盏吊灯,吊灯上方有个基座连接天花板,基座下面吊着三盏可以发光的灯(如图 2-2 所示)。其中,连接天花板的基座代表的就是我们开启认知之眼所看到的事实。无论做出什么判断或决策,都必须先聚焦看到的事实,因此事实就是我们做出判断和决策的基础。

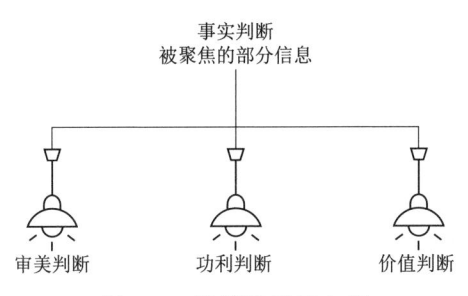

```
        事实判断
      被聚焦的部分信息
    ┌─────┼─────┐
   审美判断 功利判断 价值判断
```

图 2-2 决策的垂吊之灯

但是，光有事实还不足以让我们直接做出决策，只有基座下面的"三盏灯"都点亮，我们对所看到的信息做出审美、功利和价值判断之后，才有可能做出最终的决策。比如，你看到桌上有一杯咖啡（事实判断），但你不一定会去喝它。如果你做出了喝的行为，或者是因为你刚好感到口渴，想喝咖啡解渴（功利判断），或者你认为这杯咖啡好喝（审美判断），或者你认为这杯咖啡很高档，想品尝一下（价值判断）。只有基于这些判断，你才有可能做出喝的行为。

所以，真正影响我们做出决策的其实是审美、功利和价值三种判断。理解了这一点，我们就能审视自己的判断能力，知道在面对某些事情需要做出选择时，应该从哪几个方面入手去深入思考，最终做出让自己最满意的判断和决策。

做出趋利避害的最佳选择

基于选择性聚焦的信息，如果你发现，你的审美判断、功利判断和价值判断"三盏灯"都指向相同的方向，或者都聚焦在同一个点上，那么很显然，这件事对你来说要么是非常有利的，可以为你带来极高的情绪价值；要么是非常有害的，会对你产生极大的不利影响。在这种情况下，你完全不需要犹豫、困惑，直接就能做出决策，并且这种决策也不会让你感到后悔。

"三盏灯"聚焦方向越一致，你做这件事的动力与坚定程度就越高，但这种情况比较少，大多数情况下，我们面临的都是两难的选择。比如，从功利判断上来看，你做完这件事后会获利很多，但从价值判断上来看，这件事你又不应该做，它会违背你的道德价值观，这时就是人类最纠结的时刻。比如，眼前有一笔钱，"功利之灯"告诉你，拿了这笔钱后你就能实现自己的梦想，但是，"价值之灯"却告诉你，这笔钱来路不正，你不应该拿。这种矛盾状态才是我们绝大多数人的生活现状，同时也是我们无法松弛，感到痛苦、纠结的主要原因。

面对这样的痛苦与纠结，人们通常有两种解决方法。一种方法是自我扭曲，篡改大脑中的意识，强制性地将其他判断扭转过来。

比如，很多人下班后会去健身，但有时候又很纠结。事实信息是自己有健身房的会员卡，下班后也有时间，并且自己好像胖了，基于这些事实，应该去健身。这时，价值判断告诉你，你要为自己的健康负责，要更加自律，所以应该去健身；功利判断告诉你，健身能让你更健康，并且会员卡也不能浪费，所以也应该去健身；但审美判断却告诉你，健身好累啊，还是不要去了吧！

在这种情况下，很多人便开始自我扭曲，将脑海中的一些意识悄悄进行修改，比如，我觉得自己也没那么胖；健身完太累了，会影响明天工作；等等。通过这样的自我扭曲来篡改大脑中的意识，强行将脑海中原本理智生成的判断全部覆盖，最终做出一个有违初心的决定：不去健身了。但是，这个决定最终可能又会让我们后悔，而且持续这种状态还会让我们陷于持续的纠结中，情绪难以放松。很显然，这种方法不可取。

另一种方法是调整"吊灯"比例，寻找新的平衡。也就是说，当你内心充满纠结，无法对各个判断做出公平选择，也很难找到一个将自己所有顾虑和想要的结果都兼顾的方法时，就要做好承担后果的准备。而调整"吊灯"比例，其实就是在用理智告诉自己：我要根据其中的某个判断来做出选择了。这也让我们明白，在不同情况下或面对不同的人生选择时，我们必须有不同的偏倚，尽可能做出趋利避害的选择，否则就永远无法走出纠结的状态，内心也永远无法获得放松。

人常常会感到后悔，并不是因为自己力所不能及而后悔，而是自己明明可以，却偏偏没有去做。调整"吊灯"比例就是在帮你深入思考、审视判断，让你尽可能地做出理智的、不那么后悔的决策。实际上，当我们对自己的判断产生强烈的认同感后，内心也会变得自信、笃定和从容起来。即使有改变不了的现实，或者没有拿到心仪的结果，我们也能坦然接受，承认自己的局限性，从而让自己获得松弛的生命状态。

! 本章重点

- 要想提高认知能力，首先就得理解：对人、事、物有"周全"的认知包含了几个部分。我把它们叫作认知的"四只眼睛"：本质之眼、因果之眼、框架之眼、定位之眼。

- 事实判断、审美判断、价值判断和功利判断可以影响我们所有的日常行为决策，如果你在面对这几个方面的判断时都能保持清晰、冷静的心态，那么你一定是个情绪稳定、内心笃定的人，对人生、对生活也一定拥有自己的步伐。

- 在不同情况下或面对不同的人生选择时，我们必须有不同的偏倚，尽可能做出趋利避害的选择，否则就永远无法走出纠结的状态，内心也永远无法获得放松。

第三章

有办法：
游刃有余应对
一切难题

在这个世界上，不是所有事情都可以靠努力解决的。

那我们应该怎么办呢？难道就这样干坐着，啥也不干吗？还真的可以！有时候我们确实可以先啥也不干。因为在职场中、工作中，我们时时刻刻面对着不确定性，而这种不确定性会给我们带来巨大的无形压力，让我们忘记了思考，被焦虑支配，想着"我现在总得做些什么吧"。很多人的努力和拼搏只是为了缓解焦虑，并没有真的在解决问题。也就是说，这样做的结果，问题不一定解决，但自己一定会先筋疲力尽。

所以，你可以啥也不做，先去洞察自己的紧张、焦虑、失控、冲动等情绪，先意识到自己在这种应激情绪下的努力都是徒劳的——"不要先看困难，先看看自己"，这就是我们在解决困难时保持松弛的第一层境界。

在解决困难时，保持松弛的第二层境界就是不要先想怎么解决问题，而要先想怎么解析问题。

你要知道，真正善于解决问题的人都是"懒人"，他们不会只是见招拆招，而是能够冷静地找出问题的本质，继而思考和梳理更轻松的解决问题的路径，或协同他人一起解决。

具体而言，我们到底要如何达到这两层松弛的境界呢？

其实，我们在职场上不够松弛，是因为工作脱序，或者说，是出现了很多突如其来、干扰我们预期工作节奏的状况。

在一般人看来，这些突如其来的状况就是"干扰"、是"坑"，不解决它们，不但原本的工作可能被耽误，而且还可能演变成灾难。可也正因为它们的出现是突如其来的、意料之外的，并没有标准的解法，只能见招拆招，所以我们碰上问题时会感到焦虑。更不幸的是，世上几乎不会有任何人在工作中不会碰上问题，哪怕机器也会有出乎意料的故障，更何况在当下变化节奏太快的环境中。

因此，当代人要想在职场中变得松弛，必须拥有一项能力，那就是有一套应对问题的方法论，这正是本章的重点。

让你焦虑的究竟是困扰还是问题

在日常生活和工作中,当遇到一些困扰或焦虑时,我们往往不知从何处去着手解决,因而也容易感到慌乱、紧张、不知所措。

假如经常有客户给你发私信,向你咨询一些业务问题,但由于你平时很忙,根本无法及时一一回复,导致客户很不满,认为你不够重视他。这时,你该怎么办?

有人可能会说,你事后跟客户解释一下,就说自己当时太忙,才没有及时回复。

也有人可能会说，你不要养成和客户发私信的习惯，有事直接打电话沟通。

还有人可能给你出主意，可以让助理帮你回复客户，这样就不会显得怠慢客户了。

这些方法似乎都可行，但仔细思考后发现又不太可行，因为你不可能每次事后都去和客户解释，也不可能阻止客户给你发私信，而且你可能也没有助理，或者助理并不完全熟知你和客户间的业务往来。显然，这些解决方案都不能令人满意。

之所以出现这种情况，是因为这个问题本身就让我们感到焦虑，我们脑海中浮现出来的往往也是无法应付时的糟糕处境，这些占据了我们的全部心智，让我们根本无法理清问题的思路，也找不到一条可以着手解决的清晰路径。实际上，如果把问题沉淀下来，理清思路，将那些困扰或焦虑翻译成一套可操作、可解决的确切问题，我们就会发现，解决方法就在问题之中。不过，要达到这个目的，我们需要先弄清困扰与问题的区别。

将困扰翻译成可操作、可解决的问题

困扰和问题是不能画等号的，困扰是眼前那些让我们痛苦、焦虑或恐慌的事件，而问题是需要我们着手去解决的真议题。简而言之，困扰是一种感受，是需要排解的痛苦情绪；问题是虽有障碍，但值得去解决的路径。

我常常会被问道："老板不喜欢我，我该怎么办？"这种提问，我把它叫作"没头没脑的问题"。它只是在宣泄困扰，而没有提出需要解决的议题。因为提问者只是在描述自己的情绪，而完全没有展现出自己的意图和目的，他的潜意识里是希望抛出一个"怎么办"以后，我就能给他一个完美的标准答案，让这个困扰自动消失。

而我们要将"困扰"翻译成"问题"，最简单的办法就是问自己：我想在这个状况下达成什么目的？

就拿上面这个例子为例，真正会问问题的人，就会把那个提问变成："我怎样在老板不喜欢我的情况下，依然好好工作？""老板不喜欢我，我要怎样才能让他不公报私仇呢？"你看，这两个就是可操作、可解决的问题，因为它们有"继续好好工作""避免被穿小鞋"两个明确的目的。有了这两个目的，我们就能倒推出具体的方法，让自己按部就班地解决问题。

我还收到过一个提问："我是做销售的，但我不喜欢和人聊天怎么办？"这其实也是一样的道理，提问者只是单纯地描述自己的现状，而没有提出一个明确的诉求。面对这样的问题，我不可能给出切实有效的回答。

如果是我，我就会把这个困扰翻译成："我想要在不和客户聊天的情况下，也依然成单，该怎么做？""我要如何变得喜欢跟人聊天？""我要如何找到同样不喜欢聊天的客户？"这三个问题虽然方向不同，但都是具体的、有目的性的问题，有了目的，我们就有了可操作、可解决的空间。

要知道，我们很多时候内耗、焦虑的原因就是被困扰困住了。我们对着这个困扰原地打转，不停地问着"怎么办"这样无效的提问，白白浪费了自己的能量。

所以，想要保持松弛，想轻松无压力地完成工作，我们真正要做的不是沉浸或纠缠在困扰之中，而是让自己从一团乱麻中冷静下来、放松下来，集中精力思考，搞清楚自己当前面临的困扰到底是什么，自己的目的到底是什么。

认清面临的困扰，看清问题的本质

当把困扰翻译成可解决、可操作的问题后，我们就可以将困扰进一步地整理成一个有前因后果的完整图谱，然后从完整图谱中抽出那些值得你真正动手去解决的实质性问题。

想要认清那些真正需要动手解决的实质性问题并不难，你只需要问自己两个问题：第一，这个困扰不解决会有什么后果？第二，这个困扰为什么会发生？

以前文客户给你发私信的问题为例，你就可以先问自己两个问题：首先，如果你不能及时回复客户的私信，结果会怎样？

想象一下就会知道，客户可能会因此不满，认为你不重视他，之后影响与你的业务关系，甚至中止与你的合作。这些才是眼前的困扰可能给你带来的实质性伤害。分析到这里我们才会发现，这个问题是值得被解决的。

如果你认不清眼前的困扰，看不清问题的本质，就看不到困扰给你带来的实质性伤害，解决问题时也只会是头疼医头，脚疼医脚。

其次，仔细分析一下，这个困扰为什么会发生？

我们可以向前推演一下：你为什么无法及时回复客户的私信？原因可能很多，比如自己很忙，没有更多的时间去一一回复；自己对某些业务不熟练，没办法对每个客户的问题都详细解释；觉得自己除了与客户间的正常业务沟通，没有义务再去回复客户的私信；认为客户的问题应该客户自己想办法解决，而不是跟自己要答案；等等。

梳理完以上两个问题后，我们就能清晰地看到，困扰和问题完全不是一回事，而通过分析和梳理，我们也理清了眼前困扰发生的原因，这些原因才是造成我们困扰的完整信息，由此我们便形成了一个完整的困扰图谱。

这里需要注意的是，要做好以上这一步并不容易，它需要我们放平心态，克服焦虑，还要超越自我的片面性、主观性和局限性，才能真正认识到自己的不足。

从图谱中挖掘出解决问题的实质路径

有了完整的困扰图谱后,我们就可以从图谱中挖掘出那些真正让我们感到困扰,并且值得动手解决的实质性问题。在这一步,我们也要问自己两个问题。

首先,我们要问问自己:怎样才能解决困扰的成因?

任何一种困扰的出现,都不可能是由一种原因造成的,它可能会有很多成因。要想真正解决问题,就需要先解决问题出现的成因,而不是解决眼前的困扰。就像生病一样,你要先找到病因,从病根上去解决,才有可能药到病除。

所以,面对困扰,我们要先把可能造成困扰的成因一件件罗列出来。

比如,你最近感觉自己的情绪很糟糕,那么你当前要解决的不是怎样让情绪快点变好,而是找到让你的情绪变坏的原因是什么,如工作压力、人际关系、创伤事件、生理变化等,这些都有可能引起情绪波动。这样罗列出来之后,我们就看到了解决问题的路径在哪里,把每一个可能的成因解决掉,你的情绪问题也就解决了。

又比如，工作中碰到总是针对自己的上司，你想想，这个问题有多少种理解角度和可能性。有没有可能，上司只是因为对你所负责的事项特别在意，所以表现出对你的工作表现特别严厉？或者只是因为上司的表达方式比较生硬，但不影响他对你的表现做出公平评价？抑或你是新人，而这位上司只不过是对新人更严厉一些？

当然，有些成因可能没那么容易去除，即使逻辑上感觉没问题，真正解决起来也会障碍重重。

所以，我们还需要问自己第二个问题：哪些成因是不容易去除的？或者说，在去除这些成因的过程中，可能遇到哪些难以逾越的障碍，让你操作起来困难重重？比如，有的人在童年时遭遇过一些创伤性事件，长大后一旦遇到某些刺激性因素就会引发情绪问题，这种成因就不容易去除。但能够认识它、分析它，比起之前那种混沌而不自知的状态，我们就已经算是向前迈了一大步了——看见，就是改变的开始。

经历了以上两个问题，我们就找到了解决问题的主要路径，也找到了解决这个问题的困难和障碍究竟在哪里，这样我们就形成了一个个明确的问题。看到这些问题后，最大的收获就是我们知道如何下手去解决，而不是一直被那些困扰搞得心中一团乱麻，完全理不清思绪。

当你找到无法及时回复客户私信的原因和解决问题的路径后，就可以思考应该从哪个角度去寻找解决问题的方案，比如，是不是可以培训一个熟悉业务流程的助理，平时客户私信提出的问题可以由助理一一回复，这就是一条值得我们去思考和解决问题的路径。

很多时候，当我们面对困扰时，先不要忙着把困扰丢出去，或者直接围绕困扰去找解决方法，让自己快速摆脱焦虑、紧张的状态，而是要先看清问题的本质，在脑海中将这些困扰、感受还原成一套完整的图谱，再根据这套图谱列出一系列可行性路径。路径很可能不止一条，因为真实世界里永远不可能只有一种解法，你要让多条路径同时进行，才有可能让问题得到更全面、更彻底的解决。

总之，困扰和焦虑人人都有，关键在于你要冷静、耐心地找到这些困扰和焦虑的本质，再针对本质去寻找解决的方法，而不是一遇到困扰就慌乱、痛苦、紧张到不能自已，甚至忘了自己为什么要去解决这个困扰，以至于选择的解决方案很不靠谱,甚至给自己带来更大的困扰和损失。有些时候,虽然某种方法可以在一定程度上缓解焦虑,但只要它伤害到了我们最终想要追求的效果,就是不值得的。不论任何时候都不能忘记,困扰固然让我们疼痛,但结果的衡量一定要理性。

扩大你的投入产出比

在工作中，我们经常会被老板或上司安排任务，而且任务还比较突然，这时，大部分人的想法都是：我要赶快把任务完成，向老板或上司交差。

如果你经常这样想，并且也是这样做的，那么你所做的就是"填坑式"的工作。因为在完成任务的过程中，你会不断地寻找标准答案，试图快速解决问题，把老板或上司的要求"填平"。但是，用这种态度完成工作，首先会让自己陷入紧张、焦虑之中，其次就算你完成得再好，最多也只能得到"称职"的评价。殊不知，对职场人来说，称职就是最低标准的评价。有些老板还可能把功劳揽在自己身上，认为是自己眼光好、看人准，把任务分派给你，才让任务得以顺利完成，而我们往往得不到丝毫的额外好处，在职场竞争中也得不到额外优势或加分评估。

实际上，当我们接到工作任务，尤其是突发性的任务时，一定要先建立一个意识，就是这些突发性的任务都是一次次使我们的独特能力被老板或其他人看到的机会。所以，这时我们要做的不是忙于完成任务或解决问题，也不是让这些事情打乱自己的节奏和思绪，形成内耗，而是先冷静下来，告诉自己：这是一次自我展示的机会。

"内卷"的员工永远只会"填坑"，所以他们的投入产出比最多在平均水平；相反，松弛的员工则会利用好每一次的机会，把这个任务当成杠杆，用这一次的工作撬动更大的机会和更多的资源。

说白了，松弛的人有复利思维，会想尽办法扩大自己的投入产出比。这也就是为什么越松弛的人，越能更好地完成工作，而更好地完成工作的人，也更加松弛。

因此，除了要完成基本的工作任务或"填好坑"，我们还要仔细思考一下，怎样才能让自己从中得到额外加分的评价。

获得可以为自己加分的评价

在所有工作当中，能让我们被看见，或者能得到额外加分或评价的方式通常有五种。

第一种是真高效。老板把任务交给你后，你不但顺利完成了，还丝毫不慌乱，甚至比别人用了更少的时间，这时，老板就会觉得你做事稳当、靠谱，并且还比别人更快、更有效率。这个"高效"的评价对你来说就是个加分的评价。

第二种是真专业。在面对一项任务或一个问题时，如果你足够专业，就能很快找准完成或解决的方向，而不需要额外花时间再去摸索。如果老板发现你的这个优势，而其他人没有，你在老板眼中就足够专业，你也会因此获得加分评价。

如果我们在一个行业内深耕多年，以上两种加分评价是比较容易得到的。但如果你没有太多的行业经验或资历，也可以通过下面三种方式获得加分评价。

第三种是善于制造惊喜。也就是说，我们拿到任务或遇到问题时，不是马上按部就班地进行，或者跟别人较劲，一定要比别人干得快、先完成，这样做任务很难完成得精彩。我们应该先让自己的情绪松弛下来，放下与别人的比较心，然后从自己的角度思考，另辟蹊径，在完成任务和解决问题过程中融入自己的特色、个性等，最终使自己交出来的任务给人眼前一亮的惊喜感。

第四种是比别人更有办法。当你拿到一个任务或问题时，不会像别人一样匆匆忙忙地去完成，而是会突发奇想，寻找完成任务或解决问题的新路径，并且永远会想到比别人更好的方法。当然，这也要看你面对的任务或问题是不是机动性的或随时会发生变化的，如果是，你就可以在这方面想办法获得加分评价。

第五种是懂得协作。在处理突发任务或问题时，如果你能冷静面对，并善于将周围的人力资源统筹起来，让大家发挥各自优势，一起完美地完成任务，老板看到后，不但会认为你在处理问题方面很老到，还懂得团结协作的重要性。这也可以为你带来加分评价。

后三种加分评价，对于一个人在组织中获得提升具有极大的优势，你的才华会被看见，你的能力会被认可，你也可能会因此获得更好的发展机会。可以说，这些加分评价也是你在职场中的一段段高光时刻，归根结底你会发现，之所以能够获得这些成绩，与你面对任务或问题时的不慌乱、不匆忙、不较劲，以及松弛、明晰的工作态度息息相关。这也提醒我们，在很多时候，让自己处于松弛的情绪状态中，机智的方法才会源源不断地涌现，我们也才会更容易地把握自己的未来。

调整心态，做好事情，创造击穿效应

　　我相信，很多人在工作中都期望获得属于自己的高光时刻，那么你在面对一项任务或一个问题时，就要充分发挥自己的优势，把事情做好。

　　我在这里为大家提供一套方法，叫作"击穿期待"，就是要为我们接到的任务或需要解决的问题寻求一种超越期待，甚至是远远打破期待的解决方法，给人们创造出一种眼前一亮的惊喜感。

这里需要注意一点，有的人为了寻求惊喜感，会刻意找一些古灵精怪的新鲜点子，以此制造惊喜感。我并不认同这种做法，因为这些点子在别人看来很新鲜，对你来说同样也是新鲜的，甚至是陌生的。如果你自己对这些方法都不熟悉，不能很好地利用它们，最后可能只会起到反作用。

刻意追求惊喜和差异，寻找各种花里胡哨的点子，并不是职场中真正有效的制造惊喜的路径。有些人能够不断制造惊喜，不是因为他们善于追求惊喜，而是因为他们可以把一件事完成得很好，并且还能让效果真正被人看到。

要做到这一点，我们通常需要做好两点准备：一个是心态的准备，另一个是对任务的严谨规划。

有些人处理小问题时可以有条不紊，一旦遇到大事就会手忙脚乱，甚至越做越乱，最终事情不仅没做好，自己先崩溃了。这不是说你没有处理问题的能力，而是因为格局太小，心理承受能力太差了。格局，是遇到问题时所表现出来的优秀心态与品质。《格言联璧》中指出：

"处难处之事愈宜宽，处难处之人愈宜厚，处至急之事愈宜缓，处至大之事愈宜平，处疑难之际愈宜无意。"处理较大的项目或繁杂的问题时，一定要先放松身心，从心态上让自己平稳下来、松弛下来，平心静气地接受摆在眼前的任务。任务越难、越棘手，就越要有从容不迫的心态和举重若轻的魄力。如果心浮气躁，急于求成，往往只会把事情搞砸。重要的事，要慢慢做。

但是，放松心态不代表我们就要轻视眼前的任务，相反，我们要对眼前的任务严谨规划，认真寻找真正可以"击穿期待"的有效路径。只有这样，我们才有可能把事情真正做好，创造出惊喜感和成就感。

"击穿期待"的四步法

想要"击穿期待"，创造出真正的惊喜感，一般需要分四步去完成。

我之前在珠海国际赛车场工作期间，负责一次赛车节的招商工作。当时对刚刚入职不到一个月的我来说，这是一项十分艰巨的任务。但是接到任务后,我并没有马上手忙脚乱地投入工作,而是先让自己静下心来,一步一步地对任务进行规划和拆解。

第一步,拆解前提,寻找自己擅长解决问题的有效路径。

在上面的案例中,如果我想为赛车节拉来更多的赞助商,可能需要具备下面几个前提:

- 我要接触足够多的潜在客户,从这些潜在客户中找到能够赞助的商家。
- 我们的赞助价格要足够有吸引力。
- 我们能为客户提供足够好的服务。
- 我们的赛事品牌做得足够高级。
- 有合适的介绍人为我们引荐赞助商。
- 媒体对我们的赛事报道足够广泛,能够变相为赞助商进行宣传。
- 我的赞助方案足够吸引人。
- 赛事现场的观众足够多,从而增加赞助品牌的曝光率。

- 我的方案非常契合赞助商的活动……

这些都是可以实现成功招商的前提。当把这些前提一条条罗列出来后，我发现，要成功招商并不是只有一条路可走，我完全可以从中筛选出自己最擅长的路径来实现目标。比如，我是个有国际视野的人，可以将赛事品牌做得足够高级；我经常和媒体朋友打交道，邀请媒体帮我们广泛报道并不难；我常年在市场营销行业内工作，善于做营销方案，可以将赞助方案做得足够新鲜。这些都是我可以选择的擅长的路径前提。

第二步，根据擅长路径来设计解决问题的具体方案。

当我们找到自己擅长解决问题的有效路径之后，问题基本就解决了一半。我们此时可以让自己适当地放松下来，再次梳理这些路径，并根据不同路径设计出一套解决问题的具体方案来。由于这些路径都是在自己能力范围之内的，所以真正实施起来并不会太难，而且比你拿到任务后就贸然制订方案容易得多，也清晰得多。

第三步，梳理过程节点和重要客户。

在设计出具体方案之后，问题并没有被完全解决，因为你要创造的是"击穿期待",让人产生惊喜感,让人真正看到并欣赏你的能力。所以在这一步,你还要将方案的整个流程节点和重要客户都梳理出来。

比如在梳理流程节点时,你可以把从提出方案到总结报告整个流程的每个节点都列出来。如果有重要客户,也要将重要客户一一列举出来。完成这些后,你就会得到一个全面、完整的项目列表。同时在梳理内容时,你也清楚地知道哪些节点需要重点曝光,以此来重点突出自己的个人才华、优势和亮点,从而为老板、上司、同事等带来强烈的冲击感,实现"击穿期待"的目的。

第四步,制造曝光点,强化击穿效果。

当整个项目规划完成后,我们最期待的就是项目能够真正呈现出自己期望的效果,但在实际展示过程中,也可能会出现一些意外情况,导致规划失败。

要避免这种情况出现,在实施规划之前,你最好进行一次"颅内彩排",即先在脑海中借助其中某个角色去"体验"一遍整个项目流程,同时描述出体验后的感受。在这个过程中,你很可能会产生新的想法,发现以前可能忽略的盲区,需要继续完善,比如更加有效地解决客户痛点，更加精准地找到客户需求，从而达到客户预期要达到的效果之上，使客户体验到超出预期的快感。客户在真正体验到自己的期待被击穿的感受后，对你的加分评价和赏识之情也会毫不吝啬地落地的。

通过以上解决问题的流程可以看出，在面对问题时，慌忙面对，匆匆解决，或者"填坑式"地去完成，都不是最佳途径。真正会解决问题的人，往往不会把问题当成问题，而是当成获取机会、展现自我的舞台。他们会先让自己停止内耗，集中精力去梳理自己擅长解决问题的路径，继而根据路径一步步设计出详细的方案，最终将工作做到极致。这个过程不但会让自己产生一种对工作的深度掌控感，还会体验到一种无比舒适的人生感觉。

改变思考方向，绕过眼前问题

经常有学员问我："胡老师，我在汇报工作时特别容易紧张。我试了各种办法，比如提前试讲、给自己心理暗示、回避观众目光等，都没效果。您给出出主意，我怎么才能不紧张呢？"

我相信很多人在职场上都会遇到类似的问题，解决方式也像我的学员一样，去寻找各种方法来消灭自己的紧张。可是，如果换个角度思考一下，我们要解决的问题真的只有消灭紧张吗？

很多时候，我们解决问题的方向都太单一了，以至于一旦问题不能按照我们的"正常"思路被解决，我们就会焦虑、紧张，让自己每一根神经都绷得紧紧的，完全松弛不下来。其实如果换个方向思考你就会发现，我们真正要解决的并不是问题本身，而是如何让这个问题不影响我们正常的工作和生活。

比如，在汇报工作紧张这个问题上，如果我们不能消灭紧张，就换个方向来思考：怎样才能让紧张不影响我正常的工作汇报呢？也就是说，只要我能顺利地将工作汇报完成，紧张是不是持续存在并不重要，只要它不妨碍我就可以了。

当然，要做到这一点也不容易，因为很多人都难以转变自己的固有思维，总是习惯按照固定思维去试图解决问题，结果越解决越焦虑，问题最终可能也没解决。

面对这种情况，我建议大家试着转变思路，改变一下自己的思考方向。

忽略直接问题，绕过眼前障碍实现目标

很多朋友在工作时，一旦遇到了问题，就会和问题

死磕，把目光都聚集在这个问题上，但这种死磕的状态不仅费神，而且还容易让你错过更大的世界、更轻松的解决方法。你要知道，当你眯着眼，想要拼命看清一个物品的时候，你的感官是难受的，你的视野是狭窄的。和问题死磕到底其实就是这种状态，硬碰硬，真的吃力不讨好。

我们真正需要的是一种松弛的状态：把眼睛睁大，把双肩放松，不再聚焦眼前的问题，而是将更大的世界收入眼中，最后你会发现，我们忽视这个问题，绕开那个障碍物去走别的路，也能通往"罗马"。

咖啡在刚刚从西方传入日本时，日本城市的街头便开设了一家家咖啡厅，主要出售手磨咖啡。可是没过多久，便利店里也开始出售手磨咖啡，并且价格比咖啡厅里的更便宜，出货速度也更快。于是，之前那些喜欢喝咖啡的人就纷纷从咖啡厅转而去便利店购买咖啡了，导致咖啡厅生意惨淡，一度无法经营。

这时，咖啡厅就面临一个问题：怎样才能让之前的顾客重新回来消费呢？是不是只要把咖啡价格降得更低，或者提供比便利店更快捷的服务，顾客就会重新回来呢？

很显然，要从这两个层面上超越便利店的生意是相当有难度的。

于是，咖啡厅转变了解决问题的思路，试着从让咖啡厅为顾客提供除咖啡之外其他的价值入手。也就是说，咖啡厅经营者直接忽略了怎样让咖啡更便宜、更便捷这两个难题，而是换了一个角度，将咖啡厅装饰得更高级、更时尚、更舒适，让顾客来消费时，不仅仅是买一杯咖啡，还可以坐在咖啡厅里好好品尝、慢慢享受，结果生意再次火爆。

你看，不及便利店里的咖啡便宜、快捷的问题并没有解决，但现在这两个问题已经不再影响咖啡厅的生意了。咖啡厅通过解决另外一个问题，让原本的问题不再成为自己发展的障碍。

这就是忽略直接问题、绕过眼前障碍来实现目标的方法。简而言之，我们不再为眼前的问题焦虑，也不再将眼前的问题当成实现目标的唯一路径，而是将其当成实现目标过程中的手段之一，然后去寻找除了这一手段之外的其他手段，以期实现更重要的目标。当我们将关注点放到问题背后那个更重要的目标上后，就会发现眼前的世界豁然开朗，解决问题和达成目标的手段会不止一种。这时，你原本的焦虑情绪也会一扫而空，转而去更加专注地寻找实现目标的更好途径。

调整配套条件，寻找其他决胜因素

在生活和工作中，我们经常会遇到各种各样的难题，这些难题时常令我们陷入紧张、脆弱、慌乱等消极情绪中，难以放松身心。有时即使找到了解决方法，也可能会在半途陷入困境，导致问题卡在中间，无法有效解决。

其实，这时我们要弄清一个观念，就是这些难题之所以会给我们造成很大的困扰，问题本身往往不是唯一影响，其他匹配条件的共同作用，才导致了破坏效果的产生。如果我们不能直接解决问题，那是否可以从其他匹配条件入手，试着去调整匹配条件，最终解决问题呢？

这个思路是完全可行的。比如，一场火灾的发生，可能是因为有人在吸烟后没有及时掐灭烟头，并随手将烟头扔进干草堆，最终引发了火灾。但你要知道，光有烟头并不会直接导致火灾，其中还需要一定的助燃条件，如干草堆、充足的氧气、风力条件等。很多人面对火灾时只聚焦那个触发问题的点——扔烟头，却忘记其他配套条件也是引发火灾的原因。如果实在没办法避免扔烟头，那就解决其他配套条件，如不要在居住区堆放易燃物等，同样能在一定程度上避免火灾发生。这就是通过调整问题的匹配条件，最终达成想要结果的处理方式。

马斯克在研制民营载人火箭时遇到过一个大难题，就是发射民营火箭的成本太高，而成本高的主要原因是火箭助推器基本上都是一次性的，制造助推器又太贵。怎样才能降低助推器的制造成本呢？这是个难题。

但是后来，马斯克转变了思路：既然制造助推器的成本降不下来，那能不能把用完的助推器回收，下次继续使用呢？

于是，马斯克开始研究火箭助推器的回收问题，并且将其变成了现实。以前助推器将火箭发射到太空中返回地球后就不能再用了，现在通过技术控制让助推器落在指定地点，然后对其实现再利用，让助推器多发挥几次作用，不就能降低整个火箭的发射成本了吗？

马斯克的这一设想最终变成了现实，并且他旗下的SpaceX研制的火箭还成为目前全球发射成本最低的火箭。

由此可见，当遇到难题时，我们不能继续坚守固有的思维，也不要慌乱地"有病乱投医"，而是冷静地转变自己的作战方向，先弄清这个问题可能造成的破坏是什么。如果这个问题只是其中的一个触发点，那就罗列其他的匹配条件，找出可能引发问题的其他因素，再尝试调整或改变这些匹配条件，最终达到改变结果的目的。其实在很多时候，问题本身未必是主战场，匹配条件才可能是决胜的关键。

错位竞争，从其他方向拿结果

日本电子游戏业三巨头之一、现代电子游戏的开创者任天堂，曾经因为索尼PlayStation（简称PS）系列游戏的出现而损失惨重。任天堂在涉足电子游戏之前是靠纸牌游戏起家的，并一直专注于日本传统纸牌游戏"花札"和扑克牌的生产，到20世纪90年代，才逐渐进入开发电子游戏的行列。而此时，电子游戏市场已经被索尼占去了大半，尤其是索尼的PS系列游戏，不论是动画设计、视觉效果还是游戏机制结构的搭建等，都远超任天堂，使任天堂一度陷入困境。

在这种形势下，任天堂没有再跟索尼正面交锋，去抢游戏市场，而是另外开辟了一个充满差异化的全新市场。2006年，任天堂推出了家用游戏机Wii，并且破天荒地加入了体感操作，充满了黑科技味道，重新赢回了自己在游戏市场的巨头地位。

这个案例给我们带来了一定的启发，当你在生活或工作中面临一些棘手的难题时，不必过分执着于这个难题能不能得到彻底解决，让自己陷入焦虑之中。如果发现问题不能被及时解决，就要学会转变思考方向，找出一个可以体现你优势的地方。其实有时能不能解决问题并不是最关键的，关键是你的目标能否最终实现。就像对任天堂来说，能不能打败索尼并不重要，重要的是怎样在一个新领域内做出属于自己的全新亮点，让客户重新为此买单，让自己的公司重新走上经营正轨。从这个角度来说，你要的是最终的成功，而不是眼前的问题能不能被解决。只要能成功拿到结果，创造出最终的惊喜，问题即使不能被解决，也掩盖不了你的真实价值。

所以，在面对难题时，我们完全不必过度焦虑、纠结，甚至责怪自己的无能，这只会增加内耗。如果说人的精力是100%，那么内耗的人就会白白消耗掉90%，不但身体累，心更累。因此，先让自己静下心来，找一找自己是否还有其他优势，然后再寻找市场上的空白区域，将这个空白区域与自己的既定优势紧密挂钩，最后再将自己的优势发挥到极致，体现出自己独特的价值。这样，你就有机会达到创新的效果，也有可能创造出全新的亮点。

《定位》一书的作者杰克·特劳特曾说："如果你不能在某一个方面争得第一，那就寻找一个你可以成为第一的领域。"眼前的问题无法被解决，那就想办法在整个事件中制造新的亮点，只要你的亮点足够吸引人，就没人会在意你本来的瑕疵。用这样的思路面对生活和工作，是不是可以更好地放松我们每天都紧绷的神经呢？

其实，这也是我们在工作中保持松弛的核心。人无完人，我们不可能面面俱到，但只要我们的长板足够长，长到可以让别人忍受我们的短板，那我们就可以不用担心自己的缺点和弱势，也不用额外花心思来想怎么取长补短了。甚至当你的核心竞争力足够大，你的差异化足够明显时，你的缺点和短板都会被粉饰成人设和个性，反而能成为一种特点。

当你的竞争力不可能被撼动，当你的注意力不再聚焦在负面事情上时，你的状态自然就会越来越松弛，同时，你也会有更多闲暇和更好的状态去补强，最终形成正向循环。

找到高效的团队协作模式

在生活和工作中，与人合作是不可避免的。有些合作会让我们很开心、很放松，也很有成就感，而有些合作会令我们很紧张，甚至还会带来一些不愉快的感受。同样，我们与他人合作时，也可能会给对方带去不一样的感受。

之所以会导致不同的结果，原因在于合作方式不同。合作大体上可以分为两种，一种为纵向协作，这是现在大部分公司所采取的管理模式，即公司会为每个部门安排任务，每项任务都有专业职权划分，部门完成任务后，直接向自己的上级汇报。但是，同级部门之间往往很有边界感，彼此间的工作任务分得都很清晰。

另一种合作为横向协作模式，与公司的分工制不同，它是一种弹性参与的协作。简单来说，这种模式的协作是由一个需要解决难题的人发起，然后主动联系周围可用资源，以增加自己解决难题的成效。如果这种协作是在公司内部进行的，则属于跨部门混合权限的协作，最终一起来创造一个共同目标。

后一种合作方式有时可能无法体现出每个人的价值，或者无法为别人创造加分评价，别人会觉得自己做的这件事毫无益处。所以，在这种合作中，我们就要考虑如何让别人体现出一定的价值，或者是为别人创造积极的情绪价值，让对方感觉这件事与自己的事情一样重要。也就是说，我们要和大家达成一个横向协作共同体，让大家觉得这样的合作不紧张、不纠结、不勉强，而是心甘情愿地为一个共同目标努力，这才是最佳的协作模式。

怎样才能达成这么完美的协作模式呢？

我将其分为三步，分别为框定协作项目、打造协作共同体和运营协作共同体。

框定协作项目，不是每件事都可以合作

如果有些工作是必须你自己来完成的，就不要试图找别人合作。凡事都想集思广益、群策群力，有时不见得是好事，毕竟别人也有自己的事情和工作要做，每个组织也都有自己的专业分工，其目的都是达到效率最大化。如果大家都在忙自己的事，你却将自己手里的工作抛给大家，要求大家帮忙解决，只会引起别人的反感。

简单来说，当你寻求协作的目的是减轻自己的工作量，想让自己更轻松，或者是眼前的工作很紧迫，需要你在短时间内完成，你很难有时间统合所有人的精力来完成时，都不适合组建横向协作共同体。只有具备下面的三种情况，才适合用横向协作的方式来解决。首先，你发现周围有不少闲置资源，可以将这些闲置资源调动起来，为己所用。其次，一旦你盘活了周围这些闲置资源，就一定要给参与其中的每个人带来额外的亮点，或者可以加分的评价。最后，也是最重要的一点，一旦你发起协作，就要确保可以为团队带来一次愉快的共创体验，让大家能够带着轻松、愉悦的状态参与其中，收获到共同协作、

共同完成目标的快乐感和成就感。

符合以上三个条件，你就可以考虑发起横向协作了。

打造协作共同体，共同体验成功的喜悦

协作共同体简单来说就是一个小团体，团体中的每个人共同来解决一个难题。这种小团体的权责通常是没办法清晰落实的，大家做事的随机性都很强，你无法将一项任务安排给某个固定的成员，也不能要求对方时刻坚守岗位，更不能因为对方没做好而对其苛责，否则只会破坏彼此间的关系，让关系变得紧张。简而言之，横向协作共同体就是个高弹性的小团体。

基于这些因素，要发起这样的协作共同体并不容易，你必须找到它的内核才行。围绕这个内核，团体才有可能组建成功。我为这个团体内核取了个名字——"精神股东"。也就是说，想要成功打造这样的协作共同体，就要让其中的成员由衷地相信，你面对的问题与他们是有相关性的。虽然他们没有实质权责上的义务，但是从心理

上愿意成为和你一起解决问题团队中的一分子。

当然,要让大家成为精神股东,并不是你跟大家说几句好话,或者给大家几个承诺就能实现的,你同样需要运用恰当的方法。

> 我所在的公司以前举办过一个表达实战特训营的活动。在启动这个项目时,我并没有一板一眼地以权责的方式委托给某个人来负责,而是选在一个很惬意的下午,召集了几个关系比较好的同事坐在一起,说出了我的想法。我告诉大家,这个项目最终公司会不会做并不确定,我们现在就是来设想一下,如果要做,怎样才能把这个项目做得有趣、做得成功。结果大家兴致都很高,纷纷参与其中,献计献策。最终,这个项目真的做成了,并且至今都是我们项目部被大家喜爱的一个项目。

为什么大家对这个项目会"情有所钟"呢?最主要的原因就是他们一开始就为项目注入了自己的心血。当他们提出的一条条建议被逐步落实后,他们就会觉得这是自己的心血结晶，因而也会像对待自己的孩子一样，由衷地喜欢和重视这个项目。

这种方法可以被称为"共创共同体验"，大家以共同创造的形式来完成项目或解决问题，最终一起体验成功的喜悦。你还会发现，每个成员对团队的黏性和归属感都很强，大家在其中也很放松，不会因为这件事没有给自己带来额外报酬或加分评价而纠结、不满。因为他们都将自己当成了项目的精神股东，心中认同的责任感也会让他们尽职尽责。这也是协作共同体最有魅力的一个地方。

运营协作共同体，让对方被记得、被实现、被看见

协作共同体有一个最显著的特征，就是你无法给团队成员以硬性的反馈。在公司里，员工有绩效考核，绩效也会被领导看到，并且会在正式会议上被公布出来，每个人的工作成绩都会得到硬性反馈。但在横向协作中做不到这一点，在这种情况下，想要让大家专注地投入，你就要遵循三个原则,即让大家被记得、被实现、被看见。

首先,在刚刚着手解决问题时,每个人可能都会献计献策,积极提出自己的建议和观点,这时,大家最担心的就是自己的建议不被认可、不被重视,最后让自己的心血白白浪费。所以,问题的题主或团队的组建者就要明确表现出对大家提出的观点的重视和在意,必要时甚至要把每个人提出的观点都实名记录下来,让大家知道自己提出的观点是被记得的。

其次,你要想办法让大家的观点、建议等都能实现,因为大家不愿意看到自己冥思苦想出来的点子被你扔在一旁视而不见,那会让他们非常失落,以后也不会再参与你的项目了。所以,如果你采用了某个人的方法,就要记得在项目的每个进度中给对方反馈,必要时,比如项目操作过程中遇到了问题,你完全可以虚心地向对方请教,请对方帮忙落实。对方看到自己的方法被采用、观点被执行,心中会非常高兴,也会积极地帮你解决问题,不会推脱。

最后,你还要想办法让那些帮助过你的人的心血被看到。这里的"被看到"不是被你看到,而是被他们的领导、上司或其他同事看到。不管是在做最终的项目汇报还是在日常闲聊中，你都要做出责任内揽、荣誉外推的姿态。如果有些地方做得不完善，就把这些揽到自己身上，而将那些做得好的、出彩的地方归于与你协作的团队成员身上。不要担心别人抢了你的功劳，要知道，在大家帮你把问题解决掉，或者和你一起完成一个项目后，你就已经达到了自己的目的，所以不妨放平心态，用轻松、淡定的心态看待这些荣誉就可以了。

事实上，当你真正通过协作共同体的方式解决了问题或完成了一个项目，公司也会看到你的成绩，并且会据此认为你是个善于盘活公司闲置资源、善于实施软性协作的人，这对你来说也是一种加分评价。所以，你要善于让自己组建的这个小团队成为"雨林"，而不是让自己成为"绿洲"。很多时候，冲突、焦虑的出现只是在提醒我们，人生中还有未得到解决的重要问题，而当真实的问题被解决后，我们还有什么理由不让自己平静地享受这美好的结局呢？就像卡伦·霍妮在《我们内心的冲突》一书中写的那样："我们越是正视自己的冲突，并寻求解决的方法，我们就越能获得更多内心的自由。"

! 本章重点

- 有些时候，即使某种方法可以在一定程度上缓解焦虑，但只要它伤害到了我们最终想要追求的效果，就是不值得的。

- 有些人能够不断制造惊喜，不是因为他们善于追求新奇，而是因为他们可以把一件事完成得很好，并且还能让效果真正被人看到。

- 把眼睛睁大，把双肩放松，不再聚焦眼前的问题，而是将更大的世界收入眼中，最后你会发现，我们忽视这个问题，绕开那个障碍物，去走别的路，也能通往"罗马"。

第四章

有时间：
让事情跟着自己的节奏走

时间管理和松弛感有什么关系呢？时间管理这个词甚至听起来就有点儿"反松弛"，会让我们想到"拧毛巾"的概念，"怎样才能在同样的时间里获得更高的效率""怎样把每一分、每一秒都用在刀刃上"，是不是听起来就很累？

大部分人都在用一套反人性的、过时的方法在管理时间，那当然没办法松弛，这就相当于你在用一把钝刀切菜切肉，费力且不讨好。

真正的时间管理，或者说符合现代人的时间管理，本质上不是在掌控时间，而是在掌控自己。

为什么我们过去的时间管理会失效呢？就是因为我们只考虑了时间的分配，却没考虑自己的执行力能不能跟得上，具体而言就是，我们只考虑了"应该"7点就起床、8点看书，却完全没考虑自己到底"能不能做到"7点就起床、8点看书。我们只盯着时间，却忽视了自己。

这就好像一个家长永远都要求自己的小孩考满分，却从来没关注过孩子的学习能力和起始能力，因此这个家长当然会觉得无法"管理"自己的小孩。同样，我们如果不关注自身的能力和意愿，也会觉得无法"管理"好时间。

把时间作为标准，再倒逼自己的行为，只会越逼越紧、越逼越累、越逼越内耗；相反，把自己作为标准和起点，再去做时间规划，你就会更容易地让事情跟着你的节奏走，你的工作和生活才会更加顺畅、更加松弛。

所以想要活得松弛、活得轻松，想要在有限的时间里做完看似无限的工作，我们就要先看到自己，进而掌控自己。

时间不够用的本质

我相信很多人都有过这样的经历，要么觉得自己在工作中没有喘息空间，每天总有忙不完的事情；要么就是同时跟进几件事，结果忙着忙着发现自己落下了很多重要事项；要么就是感觉工作太多，必须牺牲个人时间，加班加点才能完成……总之，每天都觉得自己被一堆工作推着跑，根本无法做规划，也无法主导时间，每天的神经都绷得紧紧的，完全松弛不下来。尽管如此，工作也只能勉强"交差"，根本做不出像样的成绩。

如果你是一位职场人，对此应该深有体会，并且也会寻找这种工作状态的原因，而大部分人对此的解释都是：我的时间不够用。如果想解决，可能就是设法把自己现有的时间再压缩一些、填满一些，把自己的时间水分全拧干，不浪费每一分钟，从而迫使自己在每个时间段内都能集中全力地做该做的事情。

这种方法是否可行呢？

应该说，它有可行的一面，但同时这种方法也正如我们开头所讲的，会给你带来很大的压力感和挫折感，让你的神经更加紧绷。因为你的时间都是挤出来、压出来的，你每一分钟的工作节奏也必须很快才行，否则就不可能在规定时间内完成工作任务。在这种情况下，你会发现自己始终在被时间逼着走，一刻也不敢松懈，根本谈不上松弛感。

我当年在索尼工作的时候就经历过这样的阶段，并且也多次做过时间规划，结果可想而知。后来我对这个问题进行了深入分析，并对其进行了重新归因。我发现，我们不应该将这个问题归咎于时间不够用，也不应该想方设法地去挤时间工作，因为这些并不能从根本上解决问题。

想要从根本上解决问题，我们得先明确，时间不够用的本质到底是什么。很多人可能会说，时间不够用不就是时间是确定的，但工作量远远超过了时间的体量吗？如果真的是这样，那为什么同样拿那么多工资、赚那么多钱，有的人会没日没夜地忙，有的人却能兼顾工作和生活呢？

所以，时间不够用的本质并不是时间在客观上有限，而是我们对时间的分配失控了。

所谓对时间分配的失控，要么就是指我们在不值得的事情上投入了过多的时间，要么就是指在值得珍重的事情上错估了时间的投入度，总之，就是时间和任务的配比失衡了。

而这种失衡主要源于以下三个方面。

对任务的时感失准

前段时间，我的一位学员问了我这样一个问题。他说，自己的公司网站需要重新改版，他感觉这个工作内容还是比较简单而清晰的，于是就开始操作。可是做着做着，他发现时间竟然不够用了，有些常规工作难度不大，按部就班进行即可，但有些工作的难度要比他之前想象的大，他发现自己之前的规划过于草率了。结果，越到任务后期时间越紧张，工作完成得也不够严谨，自己也变得特别焦虑。

他问我："老师，您说我该怎么解决这个问题呢？"

这位学员遇到的问题，我相信很多职场人都遇到过。在多数情况下，大家在焦虑之余可能也会反问自己：为什么我的工作效率不高呢？是我的努力不够吗？是我太拖沓了，还是我在工作时太松懈了？

其实都不是，我们之所以会遇到这些问题是因为"计划谬误"。"计划谬误"这个词，最早是由心理学家丹尼尔·卡尼曼和阿莫斯·特沃斯基提出的，是一种人们低估了任务完成时长的倾向。他们还指出，在制订计划时，人们通常会倾向于无视历史数据。也就是说，你的规划没有建立在过去类似任务完成时间的基础之上，而是仅仅关注了当下任务的特点，并且认定自己不会出现耽误工期的复杂情况。在这种情况下，你对时间的规划就容易掉入"计划谬误"的陷阱，最终导致任务难以正常完成。

而我那位做网站改版的学员，其实也是对于完成眼前的任务所需要的时间预估失准了。他低估了工作难度，也没有给自己腾挪的余地，时间容错率太低，从而导致最后工作无法完成或完成得不好的局面。

所以，如果想要对时间有所把控，希望自己能够在规定时间内完成工作任务，我们就要对眼前尚未开始的工作所需要的时间有合理的预估。

对任务的排列失序

1905年，当时处于第一次世界大战前夕，欧洲各国都在增加枪炮弹药的采购量，美国有一家钢铁公司因此获利颇丰。同时，该公司内部也一片繁忙，甚至连公司的总裁哈赛尔·格雷斯都抱怨自己的工作做不完、时间不够用。他仅仅为了忙完手头上的工作就已经焦头烂额了，根本没有时间去考虑公司战略、发展方向等更加重要的问题。

于是他向当时著名的商业顾问艾滨卢列夫先生请教，到底要如何摆脱这样的状况。大家猜，艾滨卢列夫先生做了什么？他给出非常精密和周全的计划了吗？不，他仅仅递给格雷斯一张白纸，上面写着："你在这张纸上写下你认为明天最重要的事情，只有把这件事情完成了，你才可以去做下一件事，第二、第三件事情也是依次类推。即使你当天没有完成时间表上所有的事情也无妨，因为你起码完成了最重要的事情。"

格雷斯总裁听了以后大受启发，不仅自己使用，还向公司管理层推荐了这个方法，以至全公司内部自上而下形成了高效的工作习惯。

事后，格雷斯总裁问艾滨卢列夫先生应该付多少钱，艾滨卢列夫先生说："你认为我的构思值多少钱，你就付多少钱。"最后，艾滨卢列夫先生靠着一张"白纸"，换回了25000美元的报酬。

这个故事其实对我们现代职场人也有非常大的启发。很多时候，我们之所以会觉得时间不够用，本质上就是觉得所有工作都是一样重要的，所有工作在当天都需要完成，外化到日常行为时，就是到了上班时间，手头有三件事情要完成,你会不经排序地就开始动工,因为你会想:这有什么差别,反正三件事都要完成嘛!

事实上,我们之所以对工作进行排序,是因为一天内有可能完成不了这三件事,还有可能一些事情变数比较大,在做的过程中让你卡在原地很久。

所以,我们需要在启动前心里先排个序,确保我们先去完成最重要的事情。

处理任务的节奏失控

每个人都会有自己舒服的工作节奏。比如写文章,有的人喜欢酝酿良久,最后1/3的时间再动笔;有的人喜欢先写一段,停下来歇会儿再写一段……可是在今天的职场中,我们很难保证能拥有自己想要的工作节奏,比如,我们的工作思路会被临时的工作打断;我们在写方案时,或是被老板叫去开个会,或是隔壁要协作的部门过来讨论问题,或是家人打来电话讲一些家务事,等等。这些都容易打断我们的工作思路,让我们的工作陷入一种混乱的状态，哪件事都不能专心处理。

再比如，我们的工作时间会突然流失。大家在工作中肯定都遇到过类似的情景：明明打算一个小时把这份文档写完，但突然微信就来了一条消息，你本以为回个信息用不了十几秒，但结果一来一往，不知不觉用掉了20分钟，你的工作节奏一下子就被打乱了，也会感觉工作时间不够用，从而陷入失控状态。

但是，职场是一个高频协作的工作环境，你不能不让老板开会，也不能不和同事协调工作，更不能在工作中遇到其他突发情况时不去处理。想在这样的状况下高效地完成工作，就要把握好工作中的时间安排，否则，你就会陷入因工作节奏失控而越忙精力越不够、精力越不够工作效率越差的状态，结果就会进入失控的怪圈。

从上面的分析可以看出，我们经常感觉时间不够用的本质，并不是每天拥有的时间真的不够用。那些真正会规划工作和生活的人，不但可以在规定的时间内高效地完成自己的工作，还能充分地享受生活，体验惬意的人生。而我们之所以经常陷入工作忙碌的状态无法自拔，实质上是我们对时间失去了掌控感。虽然我们可能也曾认真地规划时间、规划工作，但由于难以抓住时间不够用的本质，规划不但无益于我们高效地完成工作，还把自己搞得更加紧张，完全体会不到生活的松弛感。

所以，想要真正做好时间管理，掌控自己的松弛人生，我们就得克服上述三大失控状况，对症下药。在接下来的小节里，我会分别告诉你，用猜时间的能力去重新掌控时感，用要事优先的准则去重新掌控任务，用多频迭代工作法去重新掌控工作节奏，最终让你的时间与任务得以平衡，让你重新找回松弛感。

掌控时感：
猜时间

苏联昆虫学家、数学家和哲学家柳比歇夫，一生以善于管理时间和高效著称。从26岁到82岁这几十年间，他一共出版了70多部学术著作，内容涵盖科学史、农学、遗传学、植物保护、昆虫学、动物学、进化论等众多领域。除了研究昆虫这个本职工作，他还自学了英文、法文和德文，并且对政治、宗教、数学等知识也如数家珍。

同样是一天拥有24小时的人，凭什么他就能完成这么多事情？

不仅如此，更让我们惊讶的是：柳比歇夫每天的工作时间只有4小时，他要求自己每天要睡够10小时。

在大多数职场人看来，柳比歇夫恐怕是松弛感的集大成者了。谁不想不用熬夜加班，每天睡够10小时还能把工作完成呢？他是怎么做到这一切的呢？

他运用了一个很特别的时间管理方法，叫作"猜时间"。先问个问题：当任务还没有开始之前，你能不能猜到完成这项任务需要耗费多长时间？比如，如果今天上司让你写一份PPT（演示文稿），你能不能准确预估自己需要多长时间能完成这份PPT？

这听上去好像非常简单，但你千万不要小瞧猜时间这个方法，很多人之所以制订了各种时间表，却又不断遭遇时间失控的挫折感，就是因为他们事先没有准确地猜出完成各项任务的时间。

原本预估30分钟就能完成的任务，实际操作却发现两个小时都无法完成，这必然会令人焦虑、紧张、情绪失控。还记得吗？我前文提到的那个改版网页的学员，就是因为猜时间的能力太差，才导致局面的失控。

相反，柳比歇夫之所以能够完成这么多项工作，横跨那么多领域，恰恰就是因为他对每一个项目具体需要消耗多少时间都能"猜"得相当准确，所以他能精准地在特定时间内完成特定的事情，也能对自己的生活精准把控。

所以，你对时间猜测得越准确，你的时间就越不容易失控，完成任务过程中你就会越发松弛、越得心应手。

那么，我们怎样才能让自己拥有准确的、强大的猜时间能力呢？我将这项能力拆分为两个步骤，帮助你习得这项职场人都应该具备的技能。

明确"及格线"和"满意线"

在面临一项常规任务时，我们要先问问自己，将这些任务完成到及格程度需要耗时多久，完成到满意程度又需要耗时多久。

如果你无法回答这两个问题，在我看来，你在职场上要么属于很清闲的一类人，要么属于在时间管理方面容易失控的一类人。

很多时候，一项任务在进行过程中，我们会不由自主地在它上面消耗太长时间，尤其是一些创意类或需要不断打磨类的项目，更是消耗时间的"无底洞"。以创意类项目为例，在完成过程中，你可能会持续地迸发出新的想法，只要你愿意多花时间，就一定会有更多的新创意。打磨这类项目通常没有所谓的标准，完美之上永远会有更完美，只要你愿意花时间，就可以打磨出一个更棒、更完美的产品。这时，你就容易陷入悖论的险境之中。

在这种情况下，如果你对要完成的任务没有所谓的达成指标，同时对自己要求又很高，对任务又很认真，你就会发现，你在这项任务上一定会消耗大量的时间，这个时间也一定会超出你所预估的时间。

所以，想要对时间有更好的把控，我们就必须明确地知道，自己对眼前这项任务完成的标准是什么，怎样算及格，怎样算满意，怎样算优秀，以及达到这些标准分别要耗时多久。当然，这个标准可能很难设定，这就需要我们学会对任务进行量化。

比如，我们要做一份 PPT，那就可以明确出及格和优秀的标准，如 100 页的 PPT 中零失误率就算及格，出现 5 个爆点就算优秀。以这样的方式进行量化，就可以避免过于追求完美而在上面耗费太多的时间。

总之，在对待工作任务时，我们要像对待 KPI 一样，以量化的目标来换算完成任务所需要的时间。一旦完成，我们就要告诉自己：我已经在规定时间内达到了标准，工作已经完成了。

"看见"自己的时间

猜时间的能力不是短时间内就能练成的，即使是柳比歇夫，也是经过多次记录、统计、分析后才练就了这种能力。也就是说，一开始你很可能是猜不准的，需要经过长时间的积累，一次又一次的猜测，才有可能让自己拥有的时感越来越准。

我们可以根据柳比歇夫的方法，把这项能力拆分为三步。

第一步：记录。

柳比歇夫曾在自己的书中写道，从 1956 年起，他就开始写日记，并且之后的每一天都没有停止过，哪怕是在战争期间、住院期间，甚至自己心爱的儿子去世的那一天，他也一丝不苟地做了记录。不仅如此，他还在日记中记录了每天都将时间用在了哪些事务上，这些记录的误差都不超过 15 分钟。在柳比歇夫看来，这样做的目的就是了解自己，弄清自己每天的时间消耗，在此基础上再进一步思考和分析。

我们在工作中可以借鉴柳比歇夫的方法。一开始，不论任务大小，都可以对任务所用的时间进行详细记录，弄清自己完成某一项任务所耗费的时间。慢慢有了一些经验后，再凭自己的感觉对任务完成时间进行预估，并对其进行记录，锻炼自己猜时间的能力。

当然，记录可能是一件比较容易的事，真正难的是坚持，如果不能坚持，记录就没有意义，因为你根本找不到那些真正消耗自己时间的事项。只有坚持不懈地忠实记录，并通过记录了解自己的时间耗费情况、浪费时间的因素等，你才相当于成功了一半。

第二步：统计。

当练习时感一段时间后，你就可以对时间耗费情况进行分类统计，看看自己每天用于开会、汇报工作、调查研究、走访客户等项目都需要多少时间，最好能绘制成图表，让自己一目了然。

柳比歇夫在工作过程中，每个月的月底都会对之前的基本工作时间进行统计，同时做好分类。比如，他在某个月的月底小结中，就记录了自己当月用于基本科研的时间是59小时45分钟。对于这段时间，他又根据不同的工作内容，将其细分为研究数学的时间、阅读参考书的时间、撰写学术报告的时间等类型，比如在他的记录中，当月用于阅读参考书的时间就被具体到了12小时55分。

你可能觉得这样细分统计没有意义，事实上，如果你真的能每天详细地统计自己用于各项工作的时间就会发现，你可以很清晰地看到自己真正的工作效率。有些人经常标榜自己每天工作8小时、10小时甚至更长时间，但可能很多时间都耗费在低效的会议、与同事闲聊、刷手机、发呆、吃东西等琐事上面了，真正用于工作的时间并不多,所以你每天看起来很忙、很紧张,生活也没有松弛感,但其实很可能是你工作过于低效导致的。

第三步:分析。

在记录、统计完相应的时间后,接下来我们还要对照工作效果,对各个阶段时间的耗费情况进行分析,找出每个阶段浪费时间的多少及因素。比如,在后来经验丰富时,柳比歇夫就会以5年为一个时间节点,对自己的工作进行总结和分析,同时思考自己接下来的工作方向。

事实上,任何一种高效的时间管理方法都不是一开始就十全十美的,而是需要通过对时间的分配情况进行详细分析、不断试错,才最终固化成为适合自己的方法。在起始阶段尝试的次数越多,到后期你预估的时间就越准确,对任务耗时的拿捏也越精准,你在工作时也就会越发得心应手、游刃有余。

这里有一点需要注意,就是我们在工作过程中的休息时间,也应该计算在任务的完成时间里面。这就像机器在操作一段时间后必须停下来降温、保修一样,人在工作一段时间后也必须停下来休息、"充电"。只有这样，你才能分析出自己在工作过程中的时间节奏是什么样的，知道自己哪个时间段用于休息，每次休息多长时间，每段工作的具体时长是多少，等等，以此慢慢找到自己的工作规律。

柳比歇夫就是通过这样的方式去猜时间、做分析、做复盘，最后精准地掌握了自己完成每一项任务的时间。对于任何一项任务，他实际交付时所耗费的时间与他提前预估的时间相差不会超过30分钟。可以想象，这种时感的准确度意味着他对自己工作状态的理解有多么透彻，对于自己手中每一项工作的了解和清晰程度有多高！

能够找到自己能力的极限，不让自己负担过重，又能充分发挥潜能，这不但可以保证我们专注于自己的目标，提升工作效率，还能保证我们拥有更多可以用来自行支配的时间。而这些可用于自行支配的时间，就是我们体验生活、丰富生命，让人生变得有趣而松弛的最佳时间。

掌控任务：
要事优先

在职场上，你是不是常常感觉忙得不可开交，但又感觉什么事都没做好？你是不是常常感觉自己待办的事项很多，但不清楚自己该优先处理哪件事？

其实并非只有你有这样的困扰，即使是经验丰富的专业人士，也经常感觉自己无法充分掌握时间管理策略，导致自己在完成任务过程中容易失控。想让自己对时间有更大的掌控权，就要对自己的任务进行一个明确的、优秀的排序。

为什么要给自己的工作事项排序？都是自己的工作，去做就好了嘛。残酷的答案就在于：今天的职场人大都面对的是做不完的工作。竞争环境时时刻刻都在变化，有太多突发的任务、太多不得不采取应变的工作。总会有一些时段，事情突然变多，把我们的时间挤爆。

如果你是个对自己工作有要求的人，就会发现，时间是绝对不够用来完成所有工作的，因为每项工作可能需要耗费的时间都是无限长。

比如做 PPT，完成一份 80 页的 PPT，你觉得要多长时间？说实话，没要求的话，我可以在一小时内完成，可如果有要求，单是精修页面设计，我就可以弄个地久天长。改善本来就是个无底洞。

所以我们需要对项目排序，需要做出选择性放弃。对待一些本应做的项目，我们要随时做好用应付交差的态度去完成、委托其他人代劳甚至是直接放弃的准备。而这种选择性放弃不能"到时再看情况"，要一开始就做好规划，明确自己能舍弃什么。因为在一开始，你的决策还是理性的，但等到不得不放弃的时候，在压力之下，你很可能就会做出应激的、不合常理的判断。

总之，在职场中，面对多线并行和不可能做完的工作时，我们要勇于做好规划，做好"断舍离"，排出任务的轻重与事项的缓急，只有断得干脆、舍得及时、离得果断，我们才不会被工作挤满,才能过得松弛而有掌控力。

接下来,我来分享最常见的两种任务排序法,帮助你做好工作的优先分配。

以获得时间主导权为目标的排序方式

首先,就是最常见的四象限排列法。很多人应该都尝试使用过这种方法,它是由著名物理学家史蒂芬·柯维提出的一个时间管理理论,即用两个维度将工作划分为四个象限,以此来把自己的任务分成不重要但紧急、重要且紧急、重要不紧急、不重要也不紧急四种类型。

看到这里,你是不是以为我要开始讲那些老生常谈的论调了?请放心,我们虽然借用了这个四象限模型(见图4-1),但我在这里要告诉你一个不一样的、更高效的使用方法。

重要且紧急,当然要优先;不重要也不紧急,要尽量割舍,这些都是废话。

所以关键其实在于,不重要但紧急和重要不紧急的工

```
              紧急
               ↑
    ┌─────────┼─────────┐
    │不重要但紧急│ 重要且紧急 │
    └─────────┼─────────┘
不重要         │           重要
──────────────┼──────────────→
    ┌─────────┼─────────┐
    │不重要也不紧急│ 重要不紧急 │
    └─────────┼─────────┘
               │
              不紧急
```

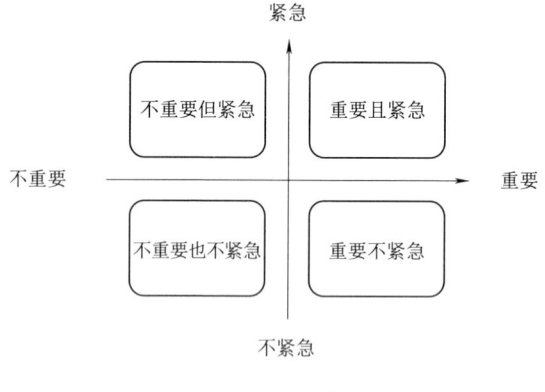

图 4-1 四象限模型

作要如何取舍。关于这一点,我的前同事张哲耀给过一个很精妙的解法,在这里,我借花献佛分享给大家。

职场人要把注意力放在重要不紧急的事情上,而不重要但紧急的事情,甚至是重要且紧急的事情,你可以去做,但不要放在心上。

你可能会很诧异,为什么啊?其实很简单,就是因为紧急的事情不论重不重要,都会有人催着你去做,要么是老板催着你要 PPT,要么就是合作伙伴问你要项目资料,形势的严峻性和关系的紧迫性都会逼着你去做,也就是说,你本来就处于不得不做的状态。

而我们恰恰要利用好这一点,既然形势都会逼着我们，那我们何必紧张兮兮、绷紧神经呢？你要知道，我们之前也讲过，注意力和精力其实是非常宝贵的资源，我们要把这些宝贵的资源用在最关键、最需要"自律"的项目上。而紧急的事情，会有"他律"来帮忙约束自己、督促自己，我们反而可以在这些事情上放松心态，节约注意力和精力，能"他律"解决的事情，为什么还要浪费"自律"呢？

所以，不重要但紧急的事情，甚至是所有紧急的事情，我们都不需要投入过多的注意力。而能够学会在该借力的时候借力、该偷懒时就偷懒，其实是让自己变得松弛的重要一步。别人替你操心的事情，你还要插一只脚进去，这就是没事找事，让自己徒增烦劳，反而会让自己绷得太紧，不够松弛。

相反，重要不紧急的事情，我们可以上点心，因为重要不紧急的事情有三大好处：第一，因为这件事情很重要，所以做好了就会有功劳、有奖励；第二，因为这件事情不紧急，所以你可以按高标准慢慢来做，做出一个精品；第三，因为这件事情不紧急，所以没有人会关注你，一旦你做出成果，就会给所有人带来惊喜，让大家刮目相看。还记得吗？我们在前面就讲过，要学会"击穿期待"，在重要不紧急的事情上立功，就是一个击穿期待的好机会。

当时和哲耀共事时，他就做了很多重要不紧急的事情。比如，他被我叫去一起面试内容编辑，他之前完全没有面试他人的经验，甚至没有自己去公司面试的经验，所以他说要研究研究，看看面试要做哪些工作。

我本来以为，他就是去百度看看人力资源部的面试技巧，结果没想到，在这之后，他编辑了一份《怎样面试内容编辑》的文档，里面整理好了面试纲要和详细的标准操作程序。说实话，我看了之后非常惊讶，当下就觉得他确实是干这一行的料。

而我另外的合伙人知道这件事情以后，也在公司的大群里表扬了他，说这是非常好的习惯，大家都应该向他学习。

你想想看，哲耀这份文档是真的很了不起的东西吗？你说没了这份文档，我们就不会去面试、无法筛选出好苗子吗？肯定不是，但我们心里知道，他做了一件我们其实应该去做，但一直懒得去做的事情，他有这份心、这个行动，就值得嘉奖。

所以，从功利的角度来看，职场人之所以要把心思多放在重要不紧急的事情上，往往就是因为这件事情"复利"最大。你只要做好了，就会给老板留下惊喜、留下印象，下次有事时，老板也就更容易注意到你，关注到你的能力，自然也会给你更多的机会。

说白了，重要不紧急的事情也是一个杠杆，能撬动更多的资源和机会。当你做事情的复利越来越大，能撬动的资源越来越多，你不再是做一件事情拿到一个结果，而是做一件事情就能拿到十个结果时，你就更容易把自己解放出来，你的时间不再被一件件的琐事挤满，你的生活也会更加松弛和放松。只有高额的复利，才能换取更多的时间，也只有更多的空余时间，才会带来更加松弛的生活。

所以，时间管理的本质并不是想办法用尽你所有的时间，而是想办法让你做更少的事情，节约出更多的时间和精力，过你真正想要的生活。

在刚开始运用这套方法来规划自己的工作任务时，你可能感觉不习惯，甚至会经历一个"阵痛期"，因为你很容易被紧急的氛围带入，跟着周围的人一起紧张和焦虑，不敢放松地去面对那些紧急的事情。

但是，当你将这套方法坚持下来之后就会发现，你的工作效率正在一点点地提升。由于提前做好了规划，也做好了心理准备，你完成起来就会越来越得心应手，花费的时间越来越少，心理压力也会越来越小，久而久之，你就会逐渐形成对时间的掌控感，在有限的时间内创造出更大的效益，同时自己又不会感到太紧绷。这就是我们在职场上最佳的工作状态。

以获得最佳交付为目标的排序方式

除了用四象限模型划分任务，我认为还可以用另一种方法划分任务，即作品类任务、重协作任务和轻协作任务。这个分类方法主要以提高项目效率为核心。还是那句话，专注核心的任务，提高核心任务的效率，我们才更有可能从繁忙的琐碎工作中逃离，获得松弛感。

作品类任务是我们将其当成个人作品、履历中的亮点来处理的任务；重协作任务是那些不会对我们个人产生什么亮点和帮助，但对整个团队影响很大的任务，对于这部分任务，我们可以不必付出太多精力，只要达到及格线即可，但不完成不行，否则会拖累整个团队；轻协作任务则是那些自己做不好可能会被批评，但自己能够承担后果的任务，并且这些任务是否完成都不会影响别人或拖累别人。

当把任务分为这样的三类后，我们在时间的安排和规划上就有了讲究。

首先，对于作品类任务，我们一定要优先安排，并且要寻找一个干扰程度最少、自我产能最高的时间段来完成。但是，这并不表示我们每天上班的第一件事就去处理作品类任务，而是提前做好规划，找到一天或一周当中最不易被干扰或状态最好的时段来进行细心打磨，从而完成自己最自豪的作品。

其次，对于重协作任务，我们可以尽快完成属于自己的那部分，并交付出去，这样不但能为团队的其他人预留出更充裕的时间，还能让自己内心更加轻松，不至于因为耽误其他人的时间而焦虑、内疚，大家也会感谢你的配合。

最后，对于轻协作任务，我们可以用余下的时间来处理，并且尽量减少在这类任务上耗费太多时间。

总之，人的时间和精力是有限的，分不清轻重缓急，你就会对突然涌来的大量任务手足无措。相反，合理安排时间，对任务进行排序，然后按规划执行，不但不会因为搞不清主次而像无头苍蝇一般乱撞，还会给自己带来意想不到的效果。以获得最佳交付为目标的任务排序，同样是遵循"要事优先"的原则，在众多任务中选择最重要的部分优先完成，这部分任务就是作品类任务。其次再完成重协作任务，最后用余下的时间去完成轻协作任务，并且能完成多少算多少。我们也要明确一点，就是必须知道自己能够承担后果的底线在哪里。我们不能让重要的事情对无关紧要的事情让步，但也不能因为事情不重要就完全不顾后果地放弃。随便排序工作任务，随便对待工作的态度，看似是放松和轻松了，但时间一过就会遭到反噬，让自己忙上加忙。因此，合理和科学地对任务进行排序，才能一劳永逸，长期松弛。

逃避管理，争一时闲暇；合理排序，得持久松弛。

掌控节奏：
多频迭代工作法

经常有学员或朋友和我反映，说自己在工作时有个习惯，就是当自己沉浸到工作中时不能有人打扰，这样自己的工作效率才最高。一旦中间被人打断，工作就完全无法再进行了，自己也会变得特别愤怒、焦躁。

的确，对大多数职场人来说，能够专注、投入地工作，是保持工作效率的最佳途径。但是在这个信息无限泛滥的时代，沉浸式的工作状态已经不再是一件特别现实的事情了。在更多的时候，我们或者被各种各样的信息骚扰，或者被外面的事物干扰，或者被自己的工作方法、情绪问题等影响，或者突然遇到一些自己无法解决的问题，等等，在这些情况下，无论我们怎么努力，都无法再回到本来的沉浸状态。

我把这些现象归结为节奏问题，它不但会影响个人效率以及目标的实现，还容易使我们陷入焦虑、紧张甚至暴躁的状态。

但是，工作总要完成，问题总要去面对和解决，节奏失控问题也不是完全没有办法解决。对此，我给大家的建议是：养成多频迭代的工作方式。

这种工作方式背后的原理很像是打游戏时的存档。在打游戏时，我们都不希望自己好不容易过了几关，杀了几个大魔王，马上战斗到终极魔王时，一下子被打败，导致自己不得不回到第一关重新打起，这样就太耗费时间了。

所以，现在很多游戏设计的机制，就是你在打完几关后可以存档，这样哪怕是打到终极魔王时输掉了，下次也不需要再重新打，只需要从输掉的地方打起就可以了。

我们所需要的就是这种工作节奏。比如，你现在要做一份PPT，你预估了一下，这份PPT要做到完美，可能需要100个小时的工作时间。但是，你显然不可能让自己花费100个小时沉浸其中，完全在不被打扰的情况下完美地完成工作。在这种情况下,你就要养成一个习惯,如将 100 个小时的工作时间分成不同的时段,每 10 个小时算一个时段。第一个 10 小时做完后,你可以停下来休息,或者这时被打断,也不影响你下一个阶段继续向前推进任务。

这就是所谓的多频迭代工作法。它不追求一次完成,而是分为三段来完成,效果更好,效率也更高,因此我也将它称为"三段式"工作法。

第一段:以完成为目标,一气呵成

当你接到一项工作任务时,比如要完成一份 PPT 或者写一套方案,不要要求自己第一次就一步步仔细完成,而是根据现有的材料一气呵成,出一个完整版的 PPT 或方案。当然,这版 PPT 或方案很可能由于素材不全或者措辞不准等,看起来很粗糙,但没有关系,你一定要先勾勒出一个粗线条的整体框架,这会有助于你在一个不确定的情况下,以最小的时间和投入,形成初步的思路或达成初步的共识。

第二段：晾一晾，切换大脑去做其他事

完成第一版 PPT 或方案的内容后，你不需要马上对其进行修改完善，而是把它放置一段时间。在这段时间里，你可以休息、放松，也可以继续处理其他工作，不用刻意去思考 PPT 或方案中欠缺的地方或存在的问题。实际上，不管你是否有意识，你的大脑都不会停止对这版 PPT 或方案内容的思考。我之所以让你将其放置一段时间，是为了让你的大脑对已经完成的项目初版内容进行反复推敲、反复思考，由此，你后续的迭代工作也就有了起点。

第三段：修改、完善，形成终稿

过了一段时间，你重新拿出第一版 PPT 或项目方案，对其进行修改完善，这时你会发现，不论你怎样修改，哪怕是重写，都能很快完成，而且质量一定比粗糙的第一版有大幅度的提升，有时甚至会发生脱胎换骨的改变。

之所以能产生这样的效果，是因为你在之前"晾一晾"的时间里，大脑对其反复推敲、反复思考的结果。

当然，如果是比较重要的项目，你对这一版仍然感到不满意，而且余下的时间也比较充裕，你可以继续将其放置一段时间，然后忙一些其他事情。过一段时间你拿出来，再一次对其进行修改、完善，其质量同样会比前两次有提升。这样一个版本一个版本地反复迭代，最终形成终稿。

这个过程就像我们装修房子，设计师在和你初步沟通整体设计方案后，一般会先将主要区域（如客厅）做好渲染图，让你看一下配色和搭配是否符合预期。如果你感觉不合适，可能会提出一些新的意见，设计师根据这些意见回去再做修改。在修改过程中，设计师可能还会反过来找到第一版的设计图，在上面进行修改调整，之后再给你过目。这样反复几次，房间主要区域的配色和搭配符合你的要求后，这份装修设计图的最核心部分便基本确定了，后面即使再进行调整，也只是进行一些小修小补了。

一般来说，一个项目经过这样三段式的处理和完善就足够了。如果是比较特殊或重要的项目，你希望结果更加精益求精，也可以用四段、五段，一轮一轮地对项目进行细化，最终也可以将成品打磨得越来越精细。当然，在截止日期前，你一定要拿出一个自我感觉最优的终稿来。

这种工作方式有什么好处呢？

首先，一个最直接的好处就是可以确保你的工作一定能够完成。不论面对什么事情，完成首先是我们的第一目标。只有先达到完成这个目标，你才有可能对其完善，使之变得完美。如果没有完成，完善、完美根本无从谈起。所以，就算由于种种原因未能在规定时间内拿出完美的项目方案，但最基本的，你可以在规定时间内完成项目方案，确保交货，拿出"初稿"。

其次，这种工作方法的效率非常高。在完成项目的过程中，当我们感觉思路不清晰或者问题想不清楚时，就可以让自己停一停，先去处理其他工作，过一段时间再来思考这个问题，很可能就能快速想清楚，问题也迎刃而解了。所以，这种方法也避免了一些执行拖沓现象的发生。

一些学员在和我沟通时曾说，自己在完成项目过程中，只要没到交付时间，项目就一直在继续，遇到问题就反复钻研，解决不了就在原地反复攻关，往往一个没有想清楚的点或一个解决不了的问题就让整个项目停滞不前，直到用完所有的时间。简单来说，就是习惯性地把项目拖到最后一刻才完成。实际上，虽然他们一直在推进项目，却并没有让项目变得更加完善，甚至最终要交付时，连一个品质很差的完整版都拿不出来，反而还浪费了很多时间。多频迭代工作法就是让你在任何时间都以一个完成态的方式来对待项目，即使你做得很粗糙也没关系，下一版会迭代、细化，直到自己满意为止。这种方法必然会对项目不断进行优化，让项目越发完整和完善。

最后，多频迭代工作法也可以最大限度地避免失误，减小风险。一般采取多频迭代工作法进行的项目，都属于不确定性很高的项目，比如研发一款几年后要使用的机器、开拓一个新市场、进行一项新发明。面对这些不确定性，我们每个人都有自己的思维盲区，有些时候，即使感觉自己对项目中的问题想清楚了，实际操作时也会有不少欠缺，也会有很多不可预见的情况发生。

在这种情况下，让项目停一停、晾一晾，过一段时间后，这些欠缺之处可能自己就会暴露出来。特别是对一些重要的项目来说，当即的想法往往具有极大的风险和不足，如果马上做出决定，很容易出现决策缺陷，或者导致项目出现偏差。而晾一段时间，暂缓决策，随着各方面材料的不断完善以及大脑的持续思考、推敲和权衡，项目的解决方案就会越发趋向合理和完善。

这种方法与二战时期美军为收复被日军占领的亚洲和太平洋地区岛屿时所使用的"跳岛战术"比较相似。该战术的作战方式是不采取逐一收复各个岛屿的方法，而是在收复一个岛屿后，借助航空母舰的优势跳到下一个岛屿，尤其是跳过那些日军防守比较坚固的岛屿。通过这种战术，美军就能以海军封锁的方式孤立那些被日军占领的岛屿，使日军在这些岛屿上的战略和战术失去意义，最后迫使日军屈服，从而大幅度提升收复岛屿的进度和成效，高效地结束了战斗。

多频迭代工作法与"跳岛战术"有着异曲同工之妙，都是在完成一个小目标后，暂缓一下，先去做别的事情，一段时间后，再回到原来的目标重新做出判断和决策。由于有了之前的思考和推敲作为基础，此时再对之前的项目进行判断和决策，不但会使判断更准确，也能让决策更客观、更完善，从而能更加快速、更加完美地达到最终目标。

以上就是多频迭代工作法在职场上带给我们最大的收获。你会发现，运用这套方法处理职场中的各项工作，不但可以帮你节省很多时间，更重要的是可以帮你拿到最好的结果。要知道，做事情，唯有结果才有意义，做了却没有结果，与没做没有任何区别。当你看到自己不需要耗费太多的时间就可以拿到不错的结果时，我相信你的内心一定是充满成就感的，同时对自己的时间管理能力、执行能力等也会更加自信，对自己人生的掌控感也会更强。一个能将自己的时间安排得井井有条的人，在工作中也一定是从容不迫的。当你可以很好地掌控自己的时间，不再被工作追着走、逼着走时，你就减少了很多的"不得不"，从而变得张弛有度、收放自如。

！ 本章重点

- 对时间分配的失控，要么就是指我们在不值得的事情上投入了过多的时间，要么就是指在值得珍重的事情上错估了时间的投入度，总之，就是时间和任务的配比失衡了。

  ....

- 你对时间猜测得越准确，你的时间就越不容易失控，完成任务过程中你也会越发松弛、越得心应手。

  ....

- 面对多线并行和不可能做完的工作时，我们要勇于做好规划，做好"断舍离"，排出任务的轻重与事项的缓急，只有断得干脆、舍得及时、离得果断，我们才不会被工作挤满，才能过得松弛而有掌控力。

第五章

有精力:
解决电力虚耗,
保持饱满状态

松弛感的对立面不只是紧张感，还有疲惫感。

松弛感是一种游刃有余的状态。你可能会觉得着手在做的事情有难度，可你内心能清楚地感受到，这个难题是可以被克服的，只要使一使劲儿就能解决。

不知道你有没有体验过累到瘫倒的感觉。明明干的不是体力活，可是在下班回家的那一刻，你能清楚地感受到骨头里渗出的疲惫感，那种瘫倒在客厅沙发上，连抬一抬手指都会觉得费劲的感觉。这种疲惫感并非单纯的"体力消耗"所致，更多的可能是因为"脑力消耗"和"心力消耗"。

这种疲惫感有时还真不是睡一觉就能缓过来的，当疲惫感袭来的时候，即便你什么都不干，躺倒在床上，多半也感受不到松弛感。

松弛感为什么能让我们觉得愉悦？一个体力充盈且经验老到的马拉松跑手，虽然知道路程不短，但他确信这都在自己的体力范围内。他在跑道上均匀地呼吸着，节奏稳定轻快地向着终点奔跑，但仍能轻松自如地欣赏着沿途风景，感受着耳旁呼啸而过的自然之风。

这种游刃有余的掌控感有一个相当重要的前提，那就是足够的工作精力。

你有没有过这样的好奇心：明明工作性质和工作量都差不多，年纪差别也不大，为什么有的人能保持精力充沛的状态，下班后还能给自己安排那么多活动，而自己每一天都觉得累得要死？

这一章我们就来讨论一下上班族的"精力管理"。

一个人的精力从哪里来?

一个人的精力从哪里来?很多人把这看作玄学,以为自己只要足够坚定、足够"打鸡血",精力就能源源不断地涌出来。但从客观上来讲,精力和金钱一样,是确定且有限的资源。钱,花了就需要重新攒;精力,用光了就要重新储备。

行为设计学中有一个实验:实验人员要求一批大学生在空腹状态下进入实验室,随后,研究人员带来了两只大碗,一只碗里放着诱人的巧克力和饼干,另一只碗里则放着一堆胡萝卜。有一半的受试者被分到了几块巧克力和饼干，而不用吃胡萝卜；相反，另一半受试者被要求只能吃胡萝卜，并且不能去吃巧克力和饼干。我们可以想象，只能吃胡萝卜的人在这个过程中，面对着巧克力和饼干的诱惑肯定备受煎熬，而吃了巧克力和饼干的受试者，显然不需要克服吃胡萝卜的诱惑。

紧接着，这两组受试者被带到另一个房间去完成"智力测试"，他们需要一笔画出复杂的几何图形，且线条不能重复，笔尖也不能离开纸面。研究人员给他们发了很多张草稿纸，让他们尽可能去测试。

你可能已经看出来了，这并不是一个检查智力的实验，而是一个检验耐性的测试。研究人员只是想看看，哪边的人能坚持得更久，哪边的人更容易心灰意冷。结果发现，那组吃了巧克力的、没受诱惑的受试者，在解题时平均花了19分钟，认认真真地尝试了34种方法，而相比之下，吃胡萝卜的、之前尽力抵抗了诱惑的受试者明显缺乏耐性，花了8分钟就放弃了，而且只尝试了19种方法。

为什么只吃胡萝卜组同学这么快就放弃了，这么快就失去了耐性？

科学家的解释出乎意料，答案是他们用尽了自己的精力。因为他们之前就调动了自己的精力，去克服巧克力和饼干的诱惑，到了智力测试环节，他们已经耗尽了精力，没办法再有足够的能量来支撑自己坚持下去。

所以，精力就像电池，是有一定存量的，没办法无限消耗，而电量从非常充裕到渐渐不足，就是我们耗费精力的过程。

对大多数人来说，天生拥有的"电池"都是健康的，电量是充足的，正常情况下也足以应付日常的学习、生活和工作。但问题是，为什么很多人会时常感觉自己精力不足、疲倦不堪呢？

原因就在于，很多时候我们"电池"的电量都被无谓地虚耗了，那些紧张感、疲惫感等也都是因为精力被无谓虚耗后所产生的感受。这一点不难理解，我们每天做的任何一个动作、一件事都会消耗"电池"的电量，但关键问题是，每个人每天都有一堆工作和家庭事务需要去面对和处理，这种同时存在很多待办事项和压力的状态，就会造成我们思虑过载，就像电脑一开机，就必须加载一堆自动启动的程序一样。更糟糕的是，这种持续的状态会给我们带来压力和负担，让我们身心疲惫、情绪消沉，学习和工作效率都会降低，让我们做事时精力衰退，有心无力。

可以想一想，当我们的手机电量还有 80% 的时候，我们是松弛的、不慌乱的，但当手机电量只剩下 20% 的时候，我们可能就会开始焦虑，心里会悬着一根线，想办法赶紧充电。而如果有一部能超长待机的手机，一整天都不用充电，那我们很可能一整天都能告别焦虑，保持松弛。可见，不仅手机电池是这样，人体本身的电池也一样。

所谓的精力管理，我觉得最重要的就是要解决"电池"虚耗问题。在此之前，我们先了解一下人体"电池"的构成。

人体"电池"的三大构成要素

对每个人来说，能够帮助我们学习、生活和工作的

"电池"主要由三部分组成，分别为脑力、心力和体力。

脑力是指思考、理解、分析、判断、抉择、创造等方面所耗费的能力。实际上，大脑是消耗人体"电池"最大的器官，大多上班族感受到的疲惫感其实就源自过度"烧脑"。当电量虚耗完，我们就会变得思维缓慢，需要休息，补充电量。

心力指的是意志力，比如在烦躁、不满、愤怒、无聊等情绪出现时，为了专注某件事，强行让我们维持专业态度的情绪控制能力。当心力耗竭时，我们也会出现疲惫感。这就是为什么开一场无聊的长会议时，虽然不需要有什么脑力输出，但光让我们端坐在会议室、面带笑意撑完全场，有时也会让我们有虚脱感。

而体力就是我们的体能，是我们的身体状态，也是一切精力的基础。你的体力好、地基牢，精力才能更旺盛。如果身体状况比较差，你身体这座金字塔的基石不稳，上面重，下面压力就大，就很容易坍塌。在多数情况下，体力主要与我们的饮食、运动、睡眠等相关。饮食规律、运动合理、睡眠充足，体力状态就好。

三种"电力"互相影响

我们所拥有的脑力、心力和体力被称为人体的三种"电力",它们之间是互相影响的。在正常情况下,三种"电力"会相互支援。

比如,你感觉身体累得不行,但依然强撑着要完成手头工作,强迫自己正常地开下一个讨论会议,这就是利用心力支援体力不足的情况。你有没有试过,明明已经几天没睡,身体很疲乏,可是精神却极其兴奋,工作停不下来,这也是心力弥补体力的一种状态。

有的人会感觉心累,干什么都提不起劲头。可是在每一次会议中,凭借过人的脑力或者思考能力,他还能在懒洋洋的状态下有过人的输出,甚至在开完会后,老板还表扬他的汇报很好、所提的建议水平很高。这就是心力疲乏而用脑力来补足的情况。

面对工作,三种"电力"可以互相补充,让我们起码能合理地完成任务。可是,它们之间同样也可能会互相干扰。比如,有时我们情绪不好,心力就会过分消耗,同时也会觉得体力不支;脑力完全不够用时,也会带来烦躁和无奈的情绪，因此心力也会因对抗这些情绪而被大大消耗；体力不够时，大脑会缺乏足够的能量来思考，脑力也会枯竭。可见它们三者会互相干扰。

了解了精力构成要素，我们再来看看，到底要如何保持精力充沛去面对我们的工作和生活。在我的经验里，能保持精力充沛的人基本上可以被划分为两类人：第一类是天生精力过剩的人，他们的"电池"容量大，电量储存也更多，所以更能经得起折腾；第二类则是耗能低的人，就是大家都做同样一件事，但他的消耗量比别人更低。前者是被老天爷眷顾的少数人，而我们大多数人却没有那么幸运，我们的"电池"只是一般型号，所以我们所说的精力管理其实就是在教大家怎样成为后者：怎样才能避免精力虚耗，怎样调整工作节奏、态度才能降低能耗。

随着年龄的增长、事业的发展和人生角色的增加，每个人承担的责任会越来越多，各方面的要求也越来越多，每个人在同一时间内面对的事情也必然越来越复杂、越来越有挑战性。而人的精力水平会随着年龄下降，尤其在30岁之后，精力衰退会更加迅速，精力的需求与供给之间的缺口会逐渐增大。在这种情况下，如果你不能适当减少精力的耗损，不能及时为自己的"电池"充电，努力提高精力水平，随着缺口越来越大，你就会因为精力水平的持续下降而陷入各种恶性循环：体力下降，精神难以集中，情绪虚耗增多，经常感觉疲惫不堪、紧张焦虑、无法松弛……

好在精力旺盛不是一种天赋，而是一种可以习得的能力。通过科学的管理，我们可以尽可能地减少无谓的虚耗，让我们的脑力、心力和体力不至于出现枯竭。如果你选用的管理方法得当，还能在一定程度上让你的"电池"扩容，让精力水平获得提升，从而使你能够拥有充足的"电力"高效地完成学习和工作任务，同时还能有充足的"电力"满足对业余生活的需要，享受生活的轻松与愉悦。

脑力：
保持专注，减少消耗

很多人在清晨醒来之后，学习和工作效率会特别高，很容易专注和投入一件事，进入所谓的心流状态。而当我们累了、困了，大脑处于缺氧状态时，就很难再集中注意力，也没办法专注投入地做事，甚至会陷入焦虑状态。这就是脑力不足带来的影响。

出现这种状态，主要是因为我们的大脑长时间处于一种活跃状态，而身体却处于相对静止状态。比如，你可能连续一天参加了三四个会议，或者连续几个小时都在核对文件，抑或一整个下午都坐在办公桌前与不同的人沟通交流，这些事务会让你的大脑一直无法停止工作，参加工作的细胞受到频繁刺激，产生强烈的兴奋，而到了一定程度，兴奋便会转为抑制，继续下去，这种抑制就会加强，从而导致大脑疲劳。但是，你的身体又会因为运力不足而供不上大脑所需的养分，使得大脑疲劳积聚，就像体力劳动导致肌肉疲劳积聚一样，造成过度疲劳。

我们的大脑极其耗能，它的重量只占我们人体的2%~3%，却会消耗人体20%以上的能量。可以说，大脑就是能量的"吸血鬼"，大脑疲惫了，人就会疲惫，就不可能游刃有余了。所以，如果我们想要保持松弛感，就得想办法避免脑力的耗竭，让大脑偷偷懒，让这个"吸血鬼"少吸点"血"。

实际上，脑力耗竭的情况大部分都集中在白领阶层，特别是白领中的管理层。因为在当代的分工系统下，越是低阶工作者，越不需要耗费脑力，而是按标准操作程序做事。当你的职级越升越高，你需要耗费的脑力就越多，因为职级越高，你需要出手解决的问题越不可能通过既有操作程序来解决。而且，你明确知道，这些问题，只要你能想得更深入、更仔细，你所做出的判断就不容易出错，对组织的影响就能被有效掌控。这就会让我们不由自主地对同一个问题反复琢磨思考，最终不自觉地把脑力耗光。

所以，职级越高，我就越不建议大家像诸葛亮那般，所有事情都亲力亲为；相反，我建议大家尽量避免在小事情上耗能，要把脑力用在刀刃上。

那该怎么做才能在脑力上节能减耗，让自己能脑力冗余，做到更宏观地掌控全局、更及时地发现潜在风险并应对风险呢？如果你现在已经是管理者了，那么你就可以把以下内容当成管理上的参考指南；如果你还是一线员工，那么你也可以把以下内容当作预习，想象自己在成为主管时要如何管理自己的精力。

对于如何节省脑力，我总结归纳了两个原则，希望可以帮到你。

圈选关键选择

现代人需要做出选择的事情太多了，每日三餐该吃什么，出门见客户该穿什么衣服，工作中哪件事情该先处理、哪件事情可以推后……总之，有太多事情需要做出选择，而这些选择都会耗费我们的脑力，让我们神经紧张，精力匮乏。

一些成功人士为了避免日常琐事耗费自己太多的脑力，就会圈选出最核心的选择，减少不必要的选项，降低脑力消耗。比如，苹果公司创始人乔布斯，每次在举行新品发布会或做演讲时，都是穿一件黑色圆领衫、一条蓝色牛仔裤，并且保持这一装扮数十年如一日；脸书创始人扎克伯格，平时的装扮就是一件灰色T恤、一条深蓝色牛仔裤。他们都是非常精明的企业家，很善于分配自己的时间和精力，不愿意把太多的脑力消耗在装扮自己这种不必要的事情上。减少对一些事情做选择和决策的精力，就可以留出更多的精力去做更重要的事情。简单来说，这就是在保护自己的脑力，将脑力真正用在有价值的事情上。

当然，说起来很容易，在职场上做起来却很难。比如，你可能不敢像乔布斯、扎克伯格一样，在职场上永远穿一种风格的衣服，因为你担心这样会影响自己在同事、老板和客户眼中的形象；你不敢把所有做选择、做决策的权利都赋予下属，因为你担心这样会让自己丢失权力；老板交给你几个项目，让你选择一个来运营，你不可能选择拒绝，因为你害怕失去更好的机会……每个人都有对安全感的需求，而这些都是安全感问题。有对安全感的担忧，我们就不得不去关注更多问题，也不可能不去做选择。

不过，面对安全感的威胁时，我可以为大家提供两种方法，帮助你迅速做出判断，排除不必要的选项。

第一种方法叫删除法。你可以先问问自己：我需要的安全感的底线在哪里？也就是说，你要先考虑清楚，在生活和职场中，有哪些决策哪怕是做错了，自己也是可以兜底的；有哪些选择，哪怕会导致最糟糕的结果，自己也是可以轻松挽救的，那么这些决策和选择，我们就尽量别碰，交给其他人就好。

比如，有些项目的细节就算做砸了，也不会影响整体的项目进度，你就可以直接授权给下属，让下属直接决定，这样你就不用再花脑力去考虑，也可以帮自己节省一些脑力。

再比如，每天上班时要穿的衣服的最差结果，也不过是同事嘲笑你两句，说你的品位有点土，这类是在你可承受范围内的,所以在选项中也可以排除。你可以用习惯来代替选择,将衣服事先搭配成套,每次出门选择其中一套,这样就能节省很多选择和决策的脑力。

删除大量的不必要选项,你就能让大脑有更多保存能量的空间,如此一来,我们就会有更多的脑力去处理关键议题。

第二种方法叫挑拣法。删除法是让我们删除那些不重要的事项,挑拣法则刚好相反,它是让我们挑选那些能给自己带来最大安全感的选项。

比如,你是一位部门主管,每天必须做出大量决策,这会耗费你大量的脑力,让你感到疲惫不堪,难以放松。在这种情况下,你就可以把对你 KPI 影响最大的事情圈出来,重点来做决策,其他事情则授权给下属去做,这样同样能减少脑力消耗。

很多企业家都经历过这样的阶段:一开始创业时,事事亲力亲为,每天都感到疲惫不堪;一旦企业发展到一定规模后,他们就不会再将大量的脑力花在琐事上了,而是将这些事情交给下属或助手去做,自己则腾出脑力去思考整个企业的发展战略问题。

即使我们不是企业家，不是团队领导，也要为自己的人生做出战略安排。如果你将大量的精力都用在日常琐事或者部门争斗上，那么真正用于工作和提升自己的精力就会减少，你也很难在这些事情上做好。所以，善于挑拣那些重要的事情来做，也是对脑力的一种保护。

限定决策时间

我们每天面对的选项非常多，就连点个外卖都有多个应用程序可供选择。选项太多，就会消耗我们大量的脑力，而且关键在于，即使我们从众多选项中做出了选择，也不见得就能选出最优选项，因为很多选项是很难比较优劣的。

在面对多项选择而又不得不选时，如果想节省脑力，我建议你可以用时间倒逼法，限制自己考虑问题和做出选择的时间，逼着自己在规定时间内完成选择。

比如，你想到商场买一件衣服，如果不给自己设定时间，可能就会在商场里转很久，挑来挑去，觉得有很多自己喜欢的衣服，要从这些衣服中再选出最适合自己的，就是一件很消耗脑力的事。这时，你就可以给自己设定一个时间，用时间倒逼自己，比如在 30 分钟内必须挑选出来，并且告诉自己：这就是我能挑出的最好的选择，我不会后悔。而剩下的时间和脑力，我们就可以专注投入地去思考那些更重要的事了。

很多时候，我们以为选项越多就越好，以至在每次面对问题的时候，我们会耗费太多时间，挖掘出太多不必要的选项。我们误以为，挖掘出越多可能正确的选项，我们就会权衡得越多，做出来的最终选择就会越棒。但我的个人经验是：其实未必。我们所能挖掘出来、解决同一个问题的各个合理选项带来的结果一般差别不会那么大。与其把时间花在挖掘选项，不如及早做决定，然后把更多的时间和精力花在细化执行上。

适当地限制自己的选择时间，就是避免脑力虚耗。

除了以上两种保护专注力、节省脑力的方法，我们还可以采取一些措施帮助脑力恢复，让持续工作的大脑获得间歇性的休息，让紧绷的神经获得放松，让自己重获活力。比如，日本著名作家村上春树曾提出一种"罐头工作法"。他在写作时，会把自己关在一个温泉旅馆中，就像把自己放入一个罐头瓶一样，与外界的一切干扰隔绝，一心一意埋头写作。你也可以在办公室或家里选择这样一处不被干扰的空间，作为自己能够专注工作的地方。

此外，你还可以在工作一段时间后休息20～30分钟，帮助自己恢复脑力，让大脑重新焕发活力，弥补学习或工作造成的大量脑力消耗。这些方法都可以重塑脑力，使脑力的消耗与恢复保持平衡，使我们的思维精力一直保持在最佳状态。

心力：
最大限度保持情绪动力

心力，主要指的是情绪状态的控制能力。积极的情绪状态可以让我们集中精力，更加专注高效地工作，尽情地享受生活；相反，消极的情绪状态则会大量消耗我们的能量和精力。

这点不难理解，我相信很多人都经历过。当自己的情绪状态不佳时，工作效率就会很低，甚至没办法正常推进工作。此时你的心力始终处于消耗状态。基于此，很多人开始归结原因：我们的心力之所以会崩溃、衰竭，是不是消极情绪导致的呢？比如，当遇到重大挫折，或者面对一些极度悲伤的事情时，我们就会觉得整个人被消极情绪包围，以至于根本没有精力更好地学习和工作。

在我看来，这并不完全是消极情绪惹的祸，而是情绪的剧烈波动所带来的疲惫感。在多数情况下，消极情绪会让我们出现比较剧烈的情绪波动，但强烈的积极情绪波动也会让人感到疲惫。比如在看完一场很刺激的电影后，即使我们很开心，也会有疲惫的感觉。此时你会发现，你很难再调动自己的情绪去感受其他事，就是因为这场电影耗费了你大量的心力。

人对剧烈情绪是有一种极大的成瘾性和黏着性的，特别是在极度悲伤或难过的时候。一开始，你可能会控制自己的情绪，忍住不哭，随着时间的推移，这种悲伤的情绪也会有所缓解。而一旦你有了宣泄的机会，就会发现自己根本停不下来，如果有人打断你，你甚至会跟对方大动干戈，因为你进入了宣泄情绪的状态后，就会不由自主地让自己的情绪动力消耗得越来越快，直到情绪消耗殆尽，自己累垮为止。很多人在大哭一通，宣泄完情绪后，会马上躺下沉沉睡去，醒来后发现精力得到了恢复，这时自己就获得了一个重启的机会。

但是，我们尽量不要这样大幅度地消耗情绪动力，而是要最大限度地保持情绪动力。就像前文所说的，我们想要保持松弛，需要的是稳定的节奏，这一点在情绪上也是一样的。我们只有保持稳定的情绪，才能节省更多的精力应对日常生活和工作中的压力，才能得心应手地处理各种生活的意外和不确定性，也才能获得身心松弛。

要避免消耗情绪动力，我们就要先了解一下情绪的特性。

情绪的三大定律

每一天，我们都可能被各种事情影响，造成情绪波动，比如，上个月业绩垫底，担心被同事看低、被老板辞退；领导布置的工作没听明白，想再去问问，却担心被领导批评；参加工作多年，觉得工作越来越没意义，时常感觉抑郁……这些事情既会影响我们的情绪，也会虚耗我们的心力。

很多人认为，情绪就是由外界刺激导致的，自己根本无法控制。其实，如果你了解了情绪的三大定律就会知道，情绪是可以被掌控的。

第一大定律：人的大脑在同一时间只能存在积极情绪或消极情绪中的一种。

我经常把人的大脑比喻成一台放映机，你可以根据自己的喜好随意地放悬疑片、喜剧片、爱情片等，但是你每次只能放一种。同样，当情绪产生或存在时，它只能是消极或积极情绪中的一种，你不可能在同一时间拥有两种情绪。这就提醒我们，当消极情绪出现时，不要试图对抗它，而要学习用积极的情绪取代它。

举个例子，当你受到了老板或上司的批评，情绪很低落时，相较于告诉自己"我不要沮丧"，更恰当的做法应该是，做一些能够引起你积极情绪的行为，比如打游戏可以获得兴奋感，健身可以获得对身体的掌控感，看球赛可以获得刺激感……人类的大脑会随着人的思考而产生相应的变化。总是带着消极情绪思考问题，你就会变得越来越消极；相反，让积极情绪占据你的大脑，消极情绪就会减弱，你也会变得越来越积极。

第二大定律：相比于积极情绪，人脑更容易产生消极情绪。

这一点是由人的进化选择决定的。人类在进化过程中，首要任务是让自己活下来，而不是如何活得快乐、幸福。想活下来，就需要大脑的保护机制发挥效用，对各种危险和潜在的不确定性随时产生恐惧和担忧，对"损耗"也比"获取"更加敏感。这就决定了人在大多数情况下都会不由自主地产生一些恐惧、担忧、焦虑、紧张等心理，甚至莫名其妙地产生一些消极情绪，而不是积极情绪。

第三大定律：人是可以通过恰当的方法掌控情绪的。

人都有情绪，这无可厚非，但我们不能让消极情绪长时间停留，否则会严重耗损心力，影响我们的学习、生活和工作。幸运的是，如果我们运用恰当的方法，就可以掌控情绪，让自己摆脱消极情绪的捆绑。因为情绪就和肌肉一样，是可以被训练的，你管理情绪的过程就相当于是在举重锻炼肌肉，你克服自己情绪的本能就相当于练肌肉时克服自己懒惰的本能。总而言之，情绪管理能力是可以被锻炼的，而且是能够越练越强的。

关于掌控情绪、摆脱消极情绪的方法，我建议你尝试一下"用理性覆盖感性"的办法。"理性"这个词听上去很紧绷，非常不松弛，但实际上，理性的人往往比感性的人更加松弛。你可以想一下，一个恋爱脑的人的状态是怎样的？是不是患得患失，稍有风吹草动，都会心急如焚？这样的人，你觉得松弛吗？肯定不是。相反，一个人能用理性去分析伴侣的情绪、关系的困局，所有事情都能整理得井然有序，我们就会觉得他其实是冷静的、可控的，也会更加松弛。

我觉得，理性状态是保持松弛的前提。理性不仅能让你摆脱消极情绪的困扰，还能让大脑紧绷的神经慢慢松弛下来，避免被不必要的恐慌支配，张弛有度地面对生活和工作。

用理性覆盖感性

心理学上认为，当人们有消极情绪时，一定要通过恰当的渠道发泄出来，这种方式当然没问题。但我认为，如果你想保护自己的心力,不让心力在短时间内被全部消耗完,一个更好的方法就是让自己从消极情绪中走出来,而走出来的方法之一就是转移注意力。

人的大脑在同一时间只能存在理性或感性情绪中的一种,在理性思考时,通常不会带有感性情绪,也很少会感受到情绪的波动;反之,如果我们用感性情绪去体验一件事情,大脑往往就无法理性思考。比如在恋爱过程中,我们常常会体会到最浪漫、最甜蜜的感觉,令我们心潮澎湃,这时,我们就容易"被爱情冲昏头脑",为所爱的人付出一切,哪怕是最不值得的付出,以至于忽略了爱情中的很多现实问题。

因此,我认为在职场中碰到一些消极情绪时,就要用理性思维来覆盖感性思维。具体而言,我们可以问自己三个问题:

- 这件事情给我带来了什么好处?
- 接下来,我可以做哪些具体的事情?
- 我应该做什么事情,来避免类似的事情再度发生?

第一句话，是为了调用我们的积极情绪，让我们在黑暗中也能看到曙光。你要知道，其实凡事都有两面性，关键是你怎么去看。比如所谓的"失恋"，很多人会认为失恋就是失去了一个爱人，或者是被抛弃了，但如果你问自己，失恋这件事情给自己带来了什么好处，也许你的回答是：失恋让我能够早点离开错误的人，去寻找更匹配、更合适的对象。

又比如，职场新人常常会面对一个问题，就是自己的劳动极其廉价，耗费了心血却只能获得极少的报酬和薪水，这在很多人眼中被看作资本家剥削劳工。但如果我们扪心自问，这件事情能给我们带来什么好处，其实我们就能发现，在职场中，高产出、低价格意味着我们有更多的机会。因为你在市场中性价比高，所以会有更多的人愿意来找你，而职场新人其实最缺的就是机会。

所以，当凡事先问这件事情能给我们带来什么好处时，我们就能惊奇地发现，这件事情很多时候没这么糟糕，我们积极的、正面的情绪也能够被重新点燃。

第二句话，则是为了让我们把积极情绪落实到具体的行为上，而不是跟情绪一直纠缠。你要知道很多时候，我们之所以一直被消极情绪缠绕，就是因为我们面对着抽象的困境，而不是具体的事件。比如，很多人失恋了，都在问"我到底怎么才能走出来？"你有没有发现，所谓的走出来其实是一个抽象的、隐喻的概念，说白了，你根本不知道什么叫作"走出来"，你当然不可能做出改变。相反，如果把"走出来"落实成"忘记前任""找到能额外让自己开心的事情"等具体的内容，我们就更有可能找到可落实的行为，而不是和情绪一直纠缠。

有句话我很喜欢：焦虑的反义词是具体。不论是恋爱、工作还是生活，其实恐慌、焦虑和烦恼往往都源于我们痴迷于抽象的想象，当我们拆解接下来的任务，化大为小，化整为零，一次只完成一小步的时候，我们就可以摒弃这种消极情绪，拥抱松弛。

第三句话，则是让我们调动理性思维来迭代自我。你要知道，让消极情绪消失的最好方式就是尽可能创造一个能产生积极情绪的环境，以及尽量避免陷入会产生消极情绪的环境里。从源头解决问题，永远都是最快最好的手段。我们不断地自我迭代、自我复盘，看看自己哪里还可以进步、可以调整，其实就是在避免重蹈覆辙，避免再一次陷入那个让自己产生消极情绪的困局中。

我有一个网红学员，她曾经有一段时间面对着铺天盖地的谩骂和大规模的网暴。她一开始没经验，决定回应这些黑粉，正面对抗网暴，结果没想到这些黑粉反而更加来劲，对她进行疯狂攻击。而我这位学员没有沉浸在痛苦之中，反而去思考，为什么会出现这样的情况？到底要怎么做，才能避免黑粉的反弹？

后来她发现，黑粉的最终目的就是获得她的关注，她越是正面对抗，越是证明黑粉受到了关注，他们反而会更加起劲儿。复盘出这一点以后，她再也没有对黑粉做出任何回应，不久之后，黑粉讨不到好处就灰溜溜地消失了，而我这位学员也从根源上摆脱了这个会产生消极情绪的场域。

所以，面对痛苦最好的手段就是拆解痛苦，复盘痛苦，最终避免痛苦。

以上三个问题，都是在帮助我们重新动用逻辑思维，将关注点放在对问题的计算、策划和推演上，最终不仅让我们忽略了消极情绪的影响，还让我们的神经慢慢地放松了下来。虽然那些让我们烦恼的问题可能仍然存在，但它们已经不足以对我们的情绪产生太大影响了。

很多时候，情绪是不能被喊停的，你永远不可能在极其难过的情况下告诉自己的大脑"别难过"，也不可能在紧张的时候告诉自己"别紧张"。情绪只能被替代，而用理性思维去思考和迭代是很好的替代方式之一。

不要沉溺于现状的情绪，要用理性去为未来开路，这才是我们掌控情绪的根本之道，也是我们节省心力的方便法门。

当我们不再是情绪的奴隶，不再被情绪牵着走时，我们的神经才会不再紧绷；当我们能成为情绪的主人时，我们就能更加冷静地做出判断，进而更松弛地面对生活。

体力：
稳定生活的节奏

不管是脑力还是心力，最基础的能量来源都是体力。也就是说，身体的能量状态、精力的产生与体力都是密切相关的。体力是一切精力的基础。

医学研究发现，体力好的人，尤其是心肺功能好的人，大脑的供血、供养、供糖都会更好。这类人不但每天都能保持精力满满的状态，工作效率也更高，并且可以长时间坚持工作，不容易疲劳。

对大多数白领来说，每天的体力都是够用的，因为工作可能不需要消耗太多的体力。尽管如此，很多人仍然觉得自己每天很累。我总结了一下，这主要源于两种情况。

第一种情况，休息节奏失调问题。简单来说，就是在工作的时候，高频的工作节奏会导致体力在较短时间内过度消耗，你却没有给自己留出足够的休息时间"充电"。

人每天的体力都是有限的，就像充电电池一样，消耗一段时间后，你就必须给它充电。但体力消耗还有一个特质，就是当你在较短时间内过度消耗时，想要恢复，时间也会很慢。

> 我们在健身时往往有这样的感受：当一个人健身时，活动一会儿感觉累就会停下来休息，而有朋友陪我们一起健身时，可能会越运动越兴奋，最后就出现了运动过量的现象。这是因为，健身时虽然身体能量在不断消耗，但因为有朋友的陪伴，我们的情绪一直很好，心力不断为我们补充能量，让我们感觉不到累。直到完全停下来后，才发现体力其实已经过度消耗了，以至一次锻炼后，好几天都难以恢复。这就是体力输出节奏失调了。

这种情况在职场中也很常见，一旦我们工作时热情高涨，或者因为最近项目比较多、比较急，需要加班加点熬夜好几天才能完成，后面很长一段时间就会觉得体力不佳，缓不过劲儿来。这就是工作节奏出现问题，导致身体的休息节奏也出现了失调。

我们不得不承认，随着年龄的增长，我们的体力恢复时间会越来越长。一旦遇到需要密集冲刺的工作，无法给自己预留出足够的体力恢复时间，之后很长一段时间身体状态就会很差，工作也会不可避免地受到影响。所以，越是上了年纪，我们越要保持稳定的生活节奏。

第二种情况，饮食失调的问题。现在很多人工作或活动时经常感觉体力不支，并不是因为吃得不好，恰恰相反，是因为平时吃得太好了，导致身体摄取能量过剩，引发肥胖。身体要代谢这些多余的物质，就需要消耗大量的能量、酶等，结果就会产生疲劳、乏力的感觉，活动一下便觉体力不支。还有些人是想保持苗条的身材，平时吃得太少或太单一，导致身体营养不良，也容易出现体力不支的问题。

显然，想要保持充足的体力，避免体力虚耗，或者在体力消耗后尽快恢复，我们就要从休息节奏和饮食两个维度来进行科学的精力管理。

调整休息节奏，不要让自己消耗一空

现在大家工作、生活节奏都很快，压力也很大，每天都感觉忙得不可开交。为了能完成更多的工作，一些人只能不断压缩自己的休息时间，哪怕已经感到疲惫不堪，也要给自己加油打气，让自己继续坚持。但是，这样真的能获得高效率吗？

事实上，高效的学习和工作并不是要一刻不停地进行。科学研究表明，如果你在繁重的学习和工作过程中主动给自己一些休息时间，调整休息节奏，给身体和大脑"充充电"，反而可以让自己的效率更高。

让身体和大脑休息的方式一般包括两种：睡眠和运动。我们分别来了解一下。

首先，睡眠对体力恢复的重要性不言而喻，良好的睡眠也是保证人体精神和体力充沛的最佳方式之一。人在睡眠时，心率和血压都会降低，呼吸也会处于平缓状态，这会使人体代谢降低，耗能也会随之减少，从而有助于储存能量，保证醒来后可以拥有充沛的体力。

这里有个问题，就是有些人过于焦虑自己的睡眠问题，"想得太多，睡得太少"，一旦睡不好便容易思虑重重，把自己搞得很紧张。其实大可不必，你越是焦虑，担心睡眠不好会影响第二天的学习和工作，就越容易给自己造成负面的心理暗示，让自己陷入恶性循环。所以，想要获得高质量的睡眠，我们就要先从思想上做到"困了就睡，不困就不睡"的松弛心态。

当然，要获得高质量的睡眠，帮助体力快速恢复，我们还需要掌握一些科学的睡眠方法，比如，平时不睡觉时就不上床，也就是有了困意再上床，多次训练，形成条件反射；为自己创造一个舒适的睡眠环境，睡前冲个热水澡；在睡前一小时安排一些固定的睡前活动，如看看书、听听舒缓的音乐等，让自己的神经放松一下，引发睡意；在白天进行连续的精力消耗后，适当安排小睡或休息一下，为"电池"充充电，这也能很好地提升体力续航能力。充足的睡眠能够让我们放松身心，不再紧张，精神状态也会更加松弛。

其次，合理运动也能有效提升精力水平。有些人可能觉得，运动会让我们的身体消耗能量，感觉很累。如果你这样想，那只考虑到了浅层问题。运动还可以促进我们的身体分泌大量激素，如肾上腺素、生长素等，这些激素能为机体和大脑提供充分的氧和养料，消除机体代谢物，所以可以很好地帮助我们恢复体力和精力。

当然，不是所有运动都能帮我们提升精力，有些运动项目强度过高，或者需要占用大量时间，消耗大量体力，就不太适合。真正能帮我们恢复体力和精力的运动应该可以见缝插针式地进行，并且不会让身体感觉疲乏，如工作间隙的散步、深蹲、扭腰、绕肩或腿部的轻微拉伸动作等。不要小看这些简单的动作，如果你每天都能利用碎片时间做一做，不但不会占用正常的学习和工作时间，还能很好地帮你缓解疲劳，增强身体机能，达到提升精力的目的。

科学合理饮食，避免体能虚耗

体力是精力的基础能量来源，而饮食无疑是基础之中的基础。科学合理的饮食对于保持体力和精力状态有着重要作用。

通过饮食来提升体力，为自己"充电"，我认为可以通过三个途径进行。

首先，一定要吃对食物。通常来说，一些高热量食物可以帮助我们迅速恢复体力，如面包、蛋糕、巧克力、糖果等，如果你感觉体力虚耗严重，想在短时间内让体力获得提升，可以考虑这类食物。如果平时只是为了保持体力，可以适当多吃一些富含蛋白质和维生素的食物，如肉类、蛋类、奶制品，以及新鲜的水果、蔬菜等。

其次，日常要多吃低 GI（Glycemic Index）值食物。所谓 GI，简单来说就是用来衡量一种食物被我们吃下去后，可以引起我们血糖上升速度的指标。食物的 GI 值越高，越容易使血糖快速提升，如糖类、淀粉类食物等；反之，食物的 GI 值低，血糖提升速度就会比较缓慢，血糖也会更稳定，同时还更容易增加饱腹感，如高蛋白食物、富含不饱和脂肪酸的食物等。想要让自己在学习和工作时不感到疲惫，就要注意维持血糖的稳定，多吃一些低 GI 值食物，而不是吃太多 GI 值过高的食物，导致血糖大起大落，精力当然不会好。

最后,可以在办公室里备一些健康小零食,只要感觉饿了,体力虚耗,精力不佳,就随时吃一点,为身体补充能量。当然,准备小零食也是有讲究的,我不建议大家准备薯片、奶糖、甜饼干、火腿肠等高糖、高热量的食物,这类食物虽然也能为身体提供能量,但它们的GI值较高,营养反而很少,吃完后容易犯困、乏力,不利于体力的恢复。最好是准备一些坚果、海苔、粗粮饼干、全麦面包、低糖酸奶、黑巧克力或新鲜的水果等,既能增加饱腹感,还能为身体补充营养,恢复精力,让身体很快回到"电力"满满的状态。

本章重点

- 精力旺盛不是一种天赋，而是一种可以习得的能力。通过科学的管理，我们可以尽可能地减少无谓的虚耗，让我们的脑力、心力和体力不至于出现枯竭。

- 焦虑的反义词是具体。不论是恋爱、工作还是生活，其实我们的恐慌、焦虑和烦恼往往都源于我们痴迷于抽象的想象。

- 如果你在繁重的学习和工作过程中主动给自己一些休息时间，调整休息节奏，给身体和大脑"充充电"，反而可以让自己的效率更高。

第六章

能喜欢:
找到人生的
趣味感和意义感

人会因为很多事情焦虑，最常见的有两种：一是"事情做不完"，二是"结果不确定"，但有时候，即便有能力完成且确定能完成时，我们也依然会深感焦虑。当在做一件不想做且不得不做的事情时，我们会觉得自己的人生被困住了。不妨看看，你有过这样的经历吗？

- 明明工作的截止日期逼近，却总提不起劲儿让自己开始动手。你虽然在行动上懒洋洋地一再拖延，内心却明明白白地感受着截止日期逼近的焦虑。
- 每周一的早上，你在床上一睁开眼就不由自主地叹息：这一周，又要开始了吗？
- 忙碌工作了好长时间，对每一天的紧张节奏也开始麻木了，但总有那么一个片刻，你回首这段时间会不由自主地问自己：我到底在干吗？我到底完成了什么？

如果经历过这一切，你一定也会在这些时刻中体验过自我谴责的愧疚感，比如，"为什么自己就不能再拼一些？""为什么非得要我去做这些事?"

这种痛苦就是压抑感。我常常开玩笑地把这种压抑感比作痛风。你说它致命吗?其实它对整体健康的影响并不严重。你说它带来了极大的痛苦吗?其实它带来的痛苦也不能算太剧烈。它只不过是在你脚趾的某个关节处,时不时地给你一下刺痛或酸痛感。但是,没有人能在痛风发作的时候感到轻松自在,同样,也没人能在压抑感的笼罩下获得松弛感。

所以,我们需要学会从工作或任务中,挖掘出独属于自己的意义感。

人活于世,意义本非天降而至,亦不应由他人赐予。生命的意义感是自己塑造的,而且源于生活中的每一件小事。发掘意义感不是自我催眠或者自我欺骗,它是一种能力:如何发现自己的驱动类型,如何制定有热情的目标,如何打造让自己松弛的环境。

喜欢，需要被加工创造

明明是一份自己能胜任的工作，薪酬也合理，前景看来也不错，可为什么我们还会觉得工作给我们带来了压抑感？说白了，这是因为我们正在做着自己其实不想做但又不得不做，且不知道什么时候才能做到头的工作。

那怎样才能让自己摆脱这种压抑感呢？直觉上的答案当然就是：寻找一份自己正好喜欢的、真正想干的工作。

这个答案在逻辑上没错。只要你得到一份由衷喜爱的工作，能享受这份工作大部分的任务和挑战，压抑感自然就消失了。

问题就在于：怎样才能得到这样的工作？用更多心力

和时间去寻找，我们就能找到这样的工作吗？

我觉得这样的工作是不可能通过寻找得到的。就算你有充裕的时间，有任意挑选的优渥条件，你大概率也找不到这么一份和你高度契合的工作。主要原因有二。第一，"喜欢"是不稳定的感觉。你可能在面试时觉得特别喜欢一份工作，觉得自己"终于找到了"，但是不管你本来对它的喜爱程度有多深，只要你的心智会改变，能力和阅历会增长，你总会在未来的某一天"感觉不爱了"或"觉得没意思了"。而这个时刻的来临，往往比你想象的要快得多。

第二，在当代分工制下，"职业"是一个内容复杂的概念。你的职业是老师，但你不可能只负责执教鞭，你还需要管纪律、做课纲，以及负责校务、与家长联系沟通、做周报/季报/年报……你可能因为享受执教鞭的过程而选择当老师，觉得其他部分的工作没有意义，甚至会觉得厌烦，但随着时间的流逝你会发现，执教鞭所得到的那份快乐会在边际效益下逐日递减，而其他部分的工作所带来的厌烦感，却只会在忍耐中与日俱增。

那该怎么办？我的主张是：我们必须拥有给工作赋予

意义和乐趣的能力。只有这样，我们才可能对自己的工作长期抱有足够的热情，无论际遇把你安置到任何职业、岗位或任务上。

在数十年的职场生涯中，我从事过媒体台前幕后的工作，当过数码影像产品的产品经理和主管、公司集团的品牌总监，也担任过赛车场副总经理……我算是一个跨度极大的跨行业者了。回首过往，我觉得最有意思的是：无论身处哪个行业或专业，我自认为都能对眼前的工作拥有足够的热情。

我不止一次地和身边的同事说，我热爱着、享受着我的工作。有趣的是，无论是在哪一个行业、哪一个公司，我得到的同事反馈多半都是怀疑，甚至是嗤之以鼻。他们觉得，你我都是打工人，打工人怎么可能会喜欢工作呢？

我能够理解这样的反应。很多职场人心里都有这样的认定：工作都是不得已的。之所以要辛勤工作，就是为了得到升职加薪，而如果财富自由了，那必然会选择不再上班了。因为在他们心中，工作和"苦熬""为他人做牛做马""被驾驭和榨取"是紧密挂钩的。

第六章 能喜欢：找到人生的趣味感和意义感　　205

我一直以来都不能理解，为什么这么多人会选择用"敌视"的态度看待自己的工作。正如他们也不能理解，为什么我会这么喜欢自己的每一份工作。

我后来才逐渐发现，我之所以能热爱我的每一份工作，不是因为我的运气特别好，每一次都正好能碰上和我志趣契合的工作，我和他们最大的差别其实在于：我特别擅长在眼前的工作中发现并挖掘出独属于我自己的"趣味感"和"意义感"。

喜欢的工作，不是被"找到"的，而是被我们"加工创造"出来的。

这套从工作中发现趣味感、发掘意义感的方法，就是我心目中真正的自我驱动。我觉得，自我驱动并非给自己喊口号、"打鸡血"的自我忽悠，不是通过自我谴责来强迫自己工作，更不是"年终发奖金后就给自己买个包包犒赏一下"的自我诱惑，真正有效的自我驱动，是要让自己由衷地觉得自己的工作有趣且有意义。

认清自我，发现热爱

工作和学习都是要付出辛劳的，那为什么有的人做一件事或学一门技艺能感觉到他们热情满满，甚至有时候，这股热情会让他们根本停不下来？你生活中有没有过这样的体会？如果有，那是在做什么或学什么的时候？你还记不记得，当时的那份热情是因为什么而被触发的呢？

同样表现为热爱工作与学习，我发现每个人热爱的"内核"是不一样的。我把它们归纳成四种不同的驱动类型。

第一种，优越型的热爱者

他们之所以会热衷于某个工作、任务或兴趣，是因为他们能从中得到优越感。

你有没有见过喜欢考试和备考的孩子？虽然不多见，但在我的思辨和表达课上，我还真发现了好几个这样的孩子，而他们恰好都是在不同学校，考试成绩也特别优秀的"屏蔽生"。考试对他们而言，就是一次证明自己足够优秀的机会。

你在职场上有没有碰到过优越型的同事？他们要么是公司里工作表现特别优秀的员工，要么是在工作中的某个领域有绝对优势的员工。

如果你是一名管理者，你会发现那些优越型的员工还会有一些特点：当这个项目由他们独自负责或者由他们负责牵头时，他们会特别拼，但如果只是让他们成为项目中不露脸的一个"齿轮"，他们就会觉得这个项目没意思，投入程度也会大幅下降。

他们享受的工作性质，要么是征服敌人的战场，要么是让自己发出耀眼光芒的舞台。

第二种，成长型的热爱者

他们不太介意自己是不是团队中最优越的那一个，也不介意自己是否只是团队的一个"齿轮"，他们最在意的是：通过这个任务，自己能积累些什么，是新的资历、更多的收入、新的能力还是新的人脉等。

相较之下，成长型的人是比较务实、有耐性的。他们不会太在意有没有其他人的光芒比自己更耀眼夺目，但会特别在意自己能不能获得持续的成长。他们不太喜欢"动荡"的工作，比如说销售、产品经理，因为在这些工作中，辛劳能不能带来新的积累是高度不确定的。他们会更容易投入稳定、进步阶梯明确的职责岗位中，比如行政、人力部门等。

第三种，趣味型的热爱者

他们最享受充满新鲜感、刺激感、乐趣感的工作。和成长型的人相反，他们特别不能忍耐枯燥、千篇一律的工作，比如长期在公司里坐班的人力资源部。就算这个工作能让他们在未来获得确定的升职加薪，他们也很难耐得住性子投入其中。

你会发现，一个趣味型的人在工作中很爱提出新点子，即便已经有成规可循，他们也特别爱尝试新做法。不是因为新做法一定更好，而是因为，如果只能遵循一成不变的标准作业程序来做，那就太无趣了，也就没有热情拼搏的理由了。

第四种，使命型的热爱者

这类热爱者最在意的是：有多少人需要我，我做的事情能造福多少人。他们是追求"伟大"的信徒，被需要的感觉能让他们获得极大的拼搏动力。你有没有见过这样的下属？他们在自己负责的项目中表现一般，但如果是同事向他们求助的任务，他们会表现得异常热心、极其拼命。

这些员工有时会被视作"老好人""不敢拒绝别人

的请求",但在他们的内心中,那种被需要的感觉就是他们感受到自己存在价值的时候。你要真拒绝他们的帮忙,他们反而会感觉到失落。

你回想一下自己的经历,如果你有过工作或学习"上头"的时刻,你能不能分辨出你骨子里属于哪一种驱动类型?

实现自洽，收获松弛

在职场中，能遇到自己喜欢的工作和任务的职场人，基本上算是幸运儿了。我们大部分人面临的情况都是工作"落到"了我们头上，或是基于分工的需要，或是基于业务的拓展，或是基于公司的发展，而且从基层员工到公司总裁，都会遇到不喜欢但又不得不做的任务。

有一个说法：大家都以为程序员的日常工作是在写代码。但实际上，程序员真正的日常有50%的时间是在和产品经理沟通需求，10%的时间在写PPT，15%的时间在写周报和汇报工作，只有25%的时间和精力是在专心写代码。换言之，程序员在大部分时间里都在做着自己不喜欢也不擅长的工作。

其实不仅仅是程序员,其他岗位也是一样的。以我为例,我自认为我最喜欢的工作是当讲师和教练,但我不可能只负责讲课,因为我也是公司合伙人,我更多的时候是在开会,是在讨论公司的战略;同时我还是公司的领导,我要倾听下属的汇报并且对他们进行管理,而这些,其实都是我相对而言没那么喜欢但又必须做的工作。

很多人在面对这类任务的时候,往往会抱持一种应付差事的心态,这当然可以是一种选择,但问题是,正如我上面所说,这类任务其实占据了你工作的大部分时间和精力,同时也是职场人绩效考核的一部分。一个程序员 50% 的时间和精力都花在了沟通上,而且程序员的沟通能力和汇报能力其实也是岗位评价的重要维度。如果你采用应付差事的态度,表面上看你是轻松了,但实际上,你内心和行为的相悖不仅会持续消耗你的情绪和心力,还会在未来降低别人对你的评价,你只会吃力不讨好,更加身心疲惫、无法松弛。

既然如此,我们到底该怎么做,才能从这类任务中解脱呢？

我给你两个步骤，让你既能沉浸其中，也能从这类任务中实现自洽、收获松弛。

第一步：设立激发热情的目标

你要知道，很多时候并不是这个任务在伤害你，而是你在任务中设立、想象的目标在伤害你。举个例子，在职场中，制作PPT可谓是重灾区，我看过很多员工一做PPT就头疼，而且他们认为做PPT是在浪费时间，自己又不是美工，PPT能不做就不做，甚至一些互联网公司开始倡导，摒弃PPT展示，汇报直接用文字。

我们可以想象一下，是制作PPT这项工作造成了这些职场人的内耗吗？不，是"做PPT毫无意义"的心态造成了他们的内耗。他们在做PPT这件事情上找不到趣味感和意义感，所以一边做PPT一边内耗。

我见过两个人，他们对制作PPT充满热情，甚至把制作PPT当成他们的作品，并乐在其中。这两个人，一个是以前锤子发布会的御用 PPT 设计师许岑，一个是我的好朋友黄执中。

在别人恨不得半小时做 50 页 PPT 的时候，许岑老师则会花整整一小时只做一页 PPT。他会自己手绘图标，自己拍照修图来当配图。因为在他看来，PPT 并不是单纯的形式主义工具，而是帮助听众更好地理解内容、沉浸内容、提高表达效率的演说武器。你发现了吗？他在制作 PPT 的时候给自己设置了一个目标：我不仅是在做美工，而是在帮助演讲人更好地服务听众。他对自己这个目标极度自豪，所以他做 PPT 的时候根本不会觉得麻烦，甚至投入其中，整个工作状态非常松弛。

而我的好朋友黄执中，大家都知道，他是一个很好的讲师和演说家。他对制作 PPT 也充满热情。他的爆款作品《说服课》，一共 700 多页 PPT，但他每次新学会一种 PPT 风格或者新掌握一种 PPT 的动画技术，都会把这套课程的 PPT 再做一遍。迄今为止，这个作品已经迭代三版了。他对 PPT 配图的细节也非常注重，在《说服课》里，他甚至花 45 美元买了一幅名画的版权图片。为什么他这么执着？因为在他看来，PPT 是他在演说和上课时最重要的表演工具，PPT对他而言就像是魔术师的道具，有了这个道具，整个表演才能够完成，才能够给观众带来惊喜。

所以，黄执中在做PPT时也设立了一个目标：我不仅仅在做PPT，而是在设计一个完美的表演现场，准备一场盛大的演出。

所以，任务不会让你内耗，是你对任务的目标设定和认知才会让你内耗。同一个不得不做的任务，设立好一个有自驱力的目标，我们就能乐在其中、沉浸其中，松弛地完成任务。

具体而言，我们怎样才能设立一个有自驱力的目标呢？

在前文我已经分享了四种驱动类型，分别是优越型、成长型、趣味型和使命型，而我们在设立目标的时候，就可以以这四种驱动类型作为目标设立的依据。

如果是优越型的人，你可以把目标设定成一个证明自己的机会：我不仅仅是在完成任务，而是在证明自己的实力；我是让老板看到，我比其他同事更加优秀；我是在赢得竞争对手的尊重……

如果是成长型的人，你可以把目标设定成挖掘任务中的学习机会：我不仅仅是在完成任务，而是在学习一项新技能；我是在积累行业经验；我是在挑战新的工作方法，让自己变得更强……

如果是趣味型的人，你可以想办法找到任务的趣味性，把目标设定成一个游戏：我不仅仅是在完成任务，而是在尝试新的玩法；我是在挑战这个领域的"大魔王"；我是在探索一个新想法……

如果是使命型的人，你可以把任务看成改变团队、提升公司价值的手段，你可以把目标设定成：我不仅仅是在完成任务，而是在帮助团队一起完成挑战；我是在帮助公司拿到更好的机会；我是在帮助身边的人赚到更多的钱……

以我为例，我的一个身份是企业家的表达教练，帮助企业家调整他们的演讲状态，引导他们讲出最精华的内容。而我在教他们的过程中发现了一个共同点，那就是这些企业家的演讲往往是被逼的，要么就是产品经理觉得新品发布，必须得让老板出来撑撑场子；要么就是营销部门需要老板适当出来打打广告，提高一下品牌辨识度；要么是最近员工状态低迷，老板需要用一篇好演讲重新激励员工。

因此，这些企业家在和我初次接触时，都没有太高的配合度，而我在教他们的时候，最主要的工作不是教会他们演讲的知识点，而是怎么激发他们的表达欲。换言之，我需要给他们设立一个让他们兴奋且自豪的目标。

而我在与他们初步接触后，往往就能判断出他们的驱动类型，并以此作为激励手段，让他们积极主动地参与这些演讲任务。

面对优越型的企业家，我会和他说："咱们这次最终的任务，不仅仅是简简单单讲完一段话，而是要用这段话去征服员工，让大家理解你的深谋远虑。"通常情况下，这类企业家听到类似的话语时，坐姿就会开始前倾，来了兴致。

面对成长型的企业家，我就会说："我看过你过往的演讲，其实都有一个小毛病，你愿不愿意趁着这次机会改掉这个毛病，让你的演说功力更上一层楼？"一般来说，成长型的人对缺陷和进步都非常敏感，所以当我这么描述时，他们便很容易燃起斗志。

面对趣味型的企业家，我会说："我知道一个特别酷、特别好玩的演讲新方法，你要不要借这次机会也来尝试一下？"别以为企业家都是一脸严肃、绷着神经的状态，事实上，很多企业家比一般人更贪玩，而且玩得更好，所以这类人会因为我上述发言而两眼发光，燃起演讲的动力。

面对使命型的企业家，我会把他的下属"拖下水"："你觉得，这次的演说到底要达到怎样的效果，才能真正为员工和下属赋能呢？要达到这样的效果，你又该做些什么呢？"使命型的企业家都是老好人，就算他再不情愿、再纠结，一旦把目标设定成"为了他人赋能"，他们就会下定决心，好好努力。

无论你是激励别人还是自我激励，都可以使用这一步骤，为不情愿的任务设立一个让自己兴奋的目标，让自己能够更容易地沉浸其中，更容易进入心流状态，也更容易在工作中放平心态，松弛而不内耗地完成任务。

第二步，自我透明化

自我透明化其实非常简单，就是告诉你的同事和领导，自己容易被什么样的任务激励，以及在接到不喜欢的任务时，自己设定了怎样的目标，来让自己保持热情。

假如你是趣味型的人才，那你可以直接和领导商量，什么样的工作更适合自己。比如，"领导，我这个人工作更加看重趣味性，如果我拿到的任务是充满挑战性和趣味性的工作，我的积极性会大大提高"。假如你是优越型的人才，当你拿到了一份不称心的任务时，你也可以向领导请教，"领导，我希望能通过这次任务，让您看到我优秀称职的一面，如果到时候我的表现让您满意，请您多多激励我，提升我的价值感"。

这小小的一步有巨大的作用：让同事和领导知道你喜欢做什么，他们就更容易把你喜欢的任务分配给你。你要知道，领导也看重工作效率，也想把工作交到最合适的人的手上，只不过一次次地进行标准的筛选也非常耗费时间，所以他们只好选择了随机分配任务。一旦你可以把自己的标准彰显出来，而且是长期彰显，那么你就能在领导心中抛下心锚,让他知道到底该如何用你了。

这样一来,哪怕到最后你依然得去做不喜欢的任务,领导也会知道,要从哪个角度去激励你、安慰你,帮助你从中找到更舒适的目标,让你在工作时心态上更能接受,也更加松弛。

所以,想让别人配合你,最好的方式就是把你希望的配合方式明明白白地告诉人家。

当然,肯定会有人疑惑,万一领导和同事在知道我的偏好驱动类型以后依然无动于衷,甚至哪壶不开提哪壶呢?其实没关系,因为这个过程也帮助我们筛选了那些图谋不轨的合作伙伴,让我们远离了小人。

这个步骤反过来用其实也是一样的。当同事向我们同步了自己的驱动类型,表明了自己从事什么工作会更加积极时,我们其实也需要承担起鼓励者的角色,在他需要的节点不断地激发他的热情,帮助他更加积极地完成工作。

其实我们的热情是非常宝贵的资源,如果能让环境顺着自己的热情——不仅我们会激发自己工作的动力,而且同事和领导也愿意顺着我们的意愿鼓励我们——那我们工作的意愿其实更容易翻倍,热情也更不容易消散。相反,如果我们总是藏着掖着,哪怕工作不如意、不称心也选择硬扛着,妄图用自己的热情来对抗乏味的工作,那不仅你的神经容易紧绷,无法松弛,而且你的热情也很容易消耗殆尽,无法持续地支撑你去完成工作。

在人际相处领域有一句名言,"别人怎么对你,都是你教他们的"。如果你觉得自己被分配到的任务总是枯燥乏味,自己得不到重视,那么导致这种状况最大的可能就是你没有去申请并展现出自己需要一份有趣的、有价值的任务;相反,那些活得松弛、能在工作中找到乐趣的人,往往也是因为他们把自己透明化了,彰显了自己的标准,进而保养了自己的热情。

所以想要在工作中保持松弛,沉浸其中,我们不仅要设立有热情的目标,还需要向环境借力,彼此鼓励。

职场就是生活

在很多人眼里,生活圈和工作圈是完全分离甚至对立的,他们会觉得,自己之所以感到疲惫、无法松弛,都是因为工作圈挤占或侵略了生活圈,他们不得不牺牲生活来维持工作。

在这样的观念下,他们就会认为工作是"痛苦的""紧绷的",生活才是"快乐的""松弛的",而他们之所以工作,就是在通过忍受几十年的痛苦来换取退休后的快乐生活。所以你会看到,很多人对延迟退休都有所不满,因为他们觉得自己快乐的"分量"被压缩了,能够松弛的时间变少了。

我曾经看过一个故事：

有个英国记者，到南美的一个部落进行访谈。在走访的过程中，这位记者看到了一位老奶奶在卖柠檬。市集上人来人往，但购买柠檬的人寥寥无几，尽管如此，老奶奶却依然面带微笑，看着每一个从她面前走过的人。记者于心不忍，觉得老奶奶太辛苦了，就打算把柠檬全部买下来，让老奶奶高高兴兴地回家。

结果，老奶奶回了一句："都卖给你？那我下午还卖什么？"

我很喜欢这个故事，因为记者和老奶奶的态度就是对我们两种工作态度的隐喻，记者的价值观，就是认为工作是为了生活、是不得已的、是要尽快结束的，所以他会觉得只要没有任务了，人生就快乐了。

但我认为，这样的观念不仅过时，而且容易伤害自己。因为当你用这种二元切割的方式来看待工作和生活时，你就会很容易地认为，工作就是累赘，就是在妨碍你获得幸福。在这样的心态下，你就无法从工作中获得成就感和松弛感，工作的效率和成绩也难以提升，反而更进一步影响你生活的质量。

相反，老奶奶则认为工作并不仅仅是换取金钱的工具，还是生活体验的一部分，所以她可以松弛地看待自己的工作。她不仅不会因为生意不景气而焦虑，而且还会爱上工作，也不需要他人来"救助"自己的生活。

所以，我们不要把工作和生活刻意切开。的确，客观上来说，工作时长确实被拉长了，工作和生活的边界也变得模糊了，但这种状况与其说是入侵，不如说是融合：我们在生活中工作，在工作中生活，职场工作本身就是生活。

当我们用这样的视角去看待工作的时候，我们就会了解一件事，即工作的快乐程度，其实已经决定了生活的快乐程度。

我身边活得快乐的人，没有一个是讨厌工作，把工作看作苦差事的。我有一个下属，他是学员的表达教练，有一次，学员晚上 11 点在群里提了一个问题，本来，学员是想着教练明天看到会解答，结果这位教练 5 分钟后就做出了回复，而且是非常详细的解答和回复。

学员很惊讶，觉得我们的教练没有生活，甚至悄悄地问过我们，是不是我们强制教练一定要秒回信息。

实际上，这样的举动完全是出于她本人的意志和素养，她并不是没有生活，但是她认为服务学员、解答学员的问题是她生活的一部分，也是她快乐的源泉。

她能从工作中找到快乐，所以她会很自然、很松弛地在生活中完成工作。

这也就是为什么我在这本书里一直分享，不是如何逃避工作，而是如何更舒服地工作。当我们能够更松弛地去体验工作，我们本质上是在更加松弛地生活。

最后，再给各位一个小提醒：松弛感是结果，而不是原因。你不需要刻意去追求松弛，也不需要把松弛当成一条基准线，时刻来对照自己的行为，你只需要时不时地叩问自己，怎么做自己才是最舒服的，什么才是自己最需要的，觉察自我，懂得取舍，松弛感自然会来敲门。

不刻意，就是真松弛。

本章重点

- 喜欢的工作,不是被"找到"的,而是被我们"加工创造"出来的。这套从工作中发现趣味感、发掘意义感的方法,就是我心目中真正的自我驱动。

- 那些活得松弛、能在工作中找到乐趣的人,往往也是因为他们把自己透明化了,彰显了自己的标准,进而保养了自己的驱动力。

- 当你用二元切割的方式来看待工作和生活时,你就会很容易地认为,工作就是累赘,就是在妨碍你获得幸福。在这样的心态下,你就无法从工作中获得成就感和松弛感,工作的效率和成绩也难以提升,反而更进一步影响你生活的质量。